浙江省高水平专业群建设项目系列教材

乡村空间装饰设计

主　编 ◎ 张林文君　张　全　高　洁

副主编 ◎ 童铧彬　董建华　潘玉艳

参　编 ◎ 吕玉龙　史清峰　杨忠威　沈立峰

清华大学出版社

北京

内容简介

本书主要介绍乡村空间装饰设计流程和相关技巧，以项目流程为编写主线，按照实际项目设计流程编制全书框架。在立足于认知设计流程与选题方法的基础上，通过调研分析项目确立总体设计并进行室内外空间的装饰设计，再通过创作手绘和制作各类图像、排版等方面辅助设计和展现整体方案，探索全新的项目流程模块化教学模式。

本书以活页形式进行装订，便于专业教学过程中灵活取用和增添笔记等，使用过程中可自行增加相关资料页，形成个性定制的专属教材。

本书可作为应用型本科、高职院校艺术类专业的教学用书，也可作为相关企业的岗位培训用书。

图书在版编目（CIP）数据

乡村空间装饰设计 / 张林文君，张全，高洁主编 .—北京：清华大学出版社，2024.4
ISBN 978-7-302-65066-9

Ⅰ.①乡… Ⅱ.①张… ②张… ③高… Ⅲ.①农村住宅—建筑装饰—建筑设计 Ⅳ.① TU241.4

中国国家版本馆 CIP 数据核字（2023）第 233687 号

责任编辑：徐永杰
封面设计：汉风唐韵
责任校对：王荣静
责任印制：沈　露

出版发行：清华大学出版社
　　　　网　　　址：https://www.tup.com.cn，https://www.wqxuetang.com
　　　　地　　　址：北京清华大学学研大厦 A 座　　　　邮　编：100084
　　　　社 总 机：010-83470000　　　　　　　　　　邮　购：010-62786544
　　　　投稿与读者服务：010-62776969，c-service@tup.tsinghua.edu.cn
　　　　质量反馈：010-62772015，zhiliang@tup.tsinghua.edu.cn
印 装 者：三河市铭诚印务有限公司
经　　销：全国新华书店
开　　本：185mm×260mm　　　印　张：14.25　　　字　数：294 千字
版　　次：2024 年 5 月第 1 版　　　印　次：2024 年 5 月第 1 次印刷
定　　价：79.00 元

产品编号：101741-01

前 言

　　本书编写人员充分深入领会党的二十大精神，深刻领悟过去五年工作和新时代十年伟大变革、"两个确立"的决定性意义、习近平新时代中国特色社会主义思想的世界观和方法论、以中国式现代化全面推进中华民族伟大复兴的使命任务、以伟大自我革命引领伟大社会革命的重要要求、团结奋斗的时代要求，不断增强"四个意识"，坚定"四个自信"、做到"两个维护"。

　　本书根据乡村振兴人才培养需求及乡村建设的实际需要，深入研究探讨乡村空间室内设计和景观设计的流程与技巧，为环境艺术设计的专业教学提供了全新的材料，为乡村设计提供了部分方法。本书主要指导学生学习商业项目设计，使之更专业地投入乡村振兴竞赛以及制作精品作品集。

　　本书共 8 个模块，按照乡村空间设计的流程进行编排，分别从认知设计流程与选题方法、调研分析项目、确立总体设计、设计乡村室内空间、设计乡村景观空间、创作手绘与处理图像、制作方案效果、制作项目综合排版等内容开展理实结合教学。总体内容按照一学期教学时长进行整体编排，教师可根据实际学情适当调整各模块的学时。

　　本书为校企合作新形态教材，在写作过程中得到了杭州乘以文化创意有限公司、绍兴城院建筑装饰有限公司的大力支持，同时感谢在编写过程中提出建议的专家和学者。

　　本书中出现的小高同学、小潘同学及张老师均为虚拟人物，相关的事件均为虚拟事件。三位人物为本书主要任务中的情境人物，将引导读者参与完成任务。

　　本书中的设计工作均为培养学生的学习过程，在开展实际项目设计时，参与人均需取得相关资质后才可开展工作。

　　最后，竭诚希望广大读者对本书提出宝贵意见，以促使我们不断改进。由于时间和编者水平有限，书中的疏漏和不足之处在所难免，敬请广大读者批评指正。

编著者

2024 年 2 月

模块 1
认知设计流程与选题方法

　　乡村空间装饰设计从整体认知开始进行各类设计方法和技巧的学习。本模块主要讲述设计流程与选题方法，在对整体设计步骤了解和最终成果认知的基础上，再学习模块 2。

模块提要

　　本模块主要认知设计流程与选题方法，包含认知设计流程和分析选题与选址两个任务。在认知设计流程中主要了解乡村空间装饰设计、学习工匠精神、认知设计流程和认知设计方案成果呈现形式。在分析选题与选址中从商业项目任务、竞赛项目方案与选址和设计作品集三个方向进行分析。

模块思维导图

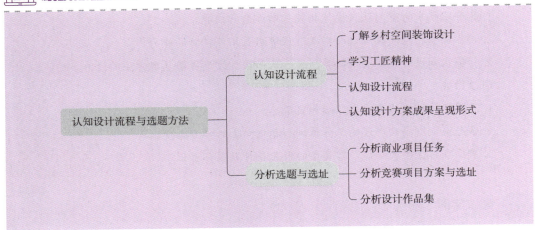

4～6学时

任务 1-1　认知设计流程

 情境导入

　　小高同学和小潘同学近期发现周围的乡村越来越美丽，乡村空间风貌相较以往有了较大提升。他们就在思考，怎样一起参与到乡村空间环境建设中？如何高效进行乡村空间装饰设计？为了更好地进行认知，他们请教了张老师，对乡村空间装饰设计流程进行了研究学习。他们从了解乡村空间装饰设计、学习工匠精神、认知设计流程和认知设计方案成果呈现形式四个方面进行了研究。

任务目标

知识目标：

1. 了解乡村振兴、乡村空间装饰需求及意义。

2. 熟悉在乡村空间装饰设计过程中需具备的工匠精神及其内涵。

3. 掌握乡村空间装饰设计流程、设计方案成果呈现的形式。

技能目标：

1. 具备理解乡村空间装饰设计相关基本理念的技能。

2. 具备在乡村空间装饰设计实践过程中彰显工匠精神的能力。

3. 具备认知设计流程间逻辑关联性、认知设计方案成果呈现方法的能力。

思政目标：

1. 了解乡村振兴的民族自信心和自豪感。

2. 熟悉实践中高效严谨的工作作风和积极向上的学习态度。

3. 掌握乡村空间装饰设计需具备的敬业精神和服务意识。

 建议学时

1～2学时

 相关知识

一、了解乡村空间装饰设计

（一）乡村空间装饰需求及意义

党的二十大报告指出："全面推进乡村振兴。全面建设社会主义现代化国家，最艰巨最繁重的任务仍然在农村。坚持农业农村优先发展，坚持城乡融合发展，畅通城乡要素流动。加快建设农业强国，扎实推动乡村产业、人才、文化、生态、组织振兴。全方位夯实粮食安全根基，全面落实粮食安全党政同责，牢牢守住十八亿亩耕地红线，逐步把永久基本农田全部建成高标准农田，深入实施种业振兴行动，强化农业科技和装备支撑，健全种粮农民收益保障机制和主产区利益补偿机制，确保中国人的饭碗牢牢端在自己手中。树立大食物观，发展设施农业，构建多元化食物供给体系。发展乡村特色产业，拓宽农民增收致富渠道。巩固拓展脱贫攻坚成果，增强脱贫地区和脱贫群众内生发展动力。统筹乡村基础设施和公共服务布局，建设宜居宜业和美乡村。巩固和完善农村基本经营制度，发展新型农村集体经济，发展新型农业经营主体和社会化服务，发展农业适度规模经营。深化农村土地制度改革，赋予农民更加充分的财产权益。保障进城落户农民合法土地权益，鼓励依法自愿有偿转让。完善农业支持保护制度，健全农村金融服务体系。"[1]

乡村空间装饰不仅可以改善原有的农业、渔业和乡村工业等生产环境，还可以大幅提升村民生活环境质量，在此基础上还可促进乡村特色文旅的开发。

（二）改善生产环境

乡村空间装饰建立在对空间基本物品秩序的整理上，再通过墙面刷新、增添装饰物品和家具等优化生产环境。在户外空间中进行乡村空间装饰，可以为劳作者提供良好的休息处。例如，在田野中设立休闲观光台，不仅可以作为田野的照相处，还可以作为日常农民田间劳作的休息处。在机械化农业的普及下，该处也可作为机械维修、物品暂存的地方。在室内空间中进行乡村空间装饰，可以营造更舒适的生产氛围。例如对手工业劳作空间的装饰，不仅达到了"翻新"的效果，还可以在空间中进行部分文字说明和挂画装饰，进一步开发成研学空间，让更多的学生和游客走进开放、安全、舒适的劳作空间去研学工匠精神，部分空间中针对"非遗"技术还可深入开发、更好传承。

---

① 习近平.高举中国特色社会主义伟大旗帜 为全面建设社会主义现代化国家而团结奋斗——在中国共产党第二十次全国代表大会上的报告 [R/OL].（2022–10–25）[2022–10–25]. http://www.gov.cn/xinwen/2022–10/25/content_5721685.htm.

（三）美化生活环境

乡村生活空间的装饰工程，有助于美化乡村生活环境。例如经过装饰后，乡村的户外空间中有了更多的文化背景墙体，地面等处有了更多的特色元素。对于乡村线网乱拉、杂草丛生的问题，在经过装饰工程后线路可进行"上改下"工程，将线管进行梳理，地上线路有序埋于地下。整体户外视觉效果更清净，能更好地将乡村生活与自然融合在一起。室内空间的美化，如乡村文化礼堂的装饰，能为村民聚会和活动提供更具文化性、乐趣性、品位感的空间。

（四）促进文旅开发

乡村的装饰美化是乡村文旅事业开发的基础。乡村文化旅游事业是基于乡村的历史文化特色、旅游资源、人文习俗等基础上，通过合理的宣传推广、流量引入、消费开发等形成的。乡村空间装饰能够更好地表现乡村历史文化特色和人文习俗元素，在环境提升的基础上，优化旅游资源。例如，对于户外空间，合理的观景台的设置可以让更多游客找到美景的拍摄角度，通过自媒体可以形成更好的宣传效果。对于室内空间，将原有的农居房优化民宿功能，提升了空间利用的价值，增加农户收入的同时，为乡村吸引了更多的人流，带动其他相关的消费。

二、学习工匠精神

工匠精神在传统制造业中发挥着巨大作用，能工巧匠不仅依靠熟练的技术完成工作，更在实践过程中运用智慧发挥创新，促进成品质量和效果的提升。

在进行学习设计和应用过程中，除了解并掌握基本的理论实践技巧外，更多希望各位同学能够逐步具备工匠精神，发挥刻苦钻研的品质，利用创新思维，创造更好的设计去服务乡村。

空间装饰设计过程需要具体满足以下要求。

（一）敬业耐劳、尽心尽责

乡村空间装饰设计是一项为乡村服务的工作，在调研和设计过程中需要设计师做到敬业耐劳，认真负责进行调研、分析和设计，不断分析和总结，以尽心尽责的态度为"三农"更好服务。

（二）做事仔细、数据精准

乡村空间设计需要具有实用性、耐用性和创新性。这就要求设计师进行精确的数据测量形成完美施工效果，设计合理的细节增强项目耐用性，并通过细致的分析和设计形成可靠的创新型方案。

（三）设计合理、表达确切

乡村空间主要为农村生产、生活和文旅事业等方面服务，合理的设计能满足农民基本需求，还能创造更好的生产生活环境和文化旅游环境，进一步促进当地经济增长。

三、认知设计流程

乡村空间装饰的设计流程主要分为选题选址、调研分析、理念提出、方案设计、造价计算、文本制作六个阶段，如图 1-1 所示。

图 1-1　空间装饰设计流程

这六个阶段互相具有逻辑关联性，在设计过程中需要按照顺序逐步进行，即在方案选题和选址的基础上进行调研与分析，通过调研分析得出各项结论并综合设计目标形成设计理念。根据设计理念进行方案虚拟模型设计，同时制作工程图样和模型效果图。在设计阶段完成后计算项目造价。综合设计各个阶段的成果排版，形成最后的方案手册、展板或演示文稿等。每一个阶段的过程都会影响到后续的步骤，因此设计师更应具备工匠精神和良好的职业操守，细致完成每一个步骤工作，形成更为精致、优秀的成果。

四、认知设计方案成果呈现形式

设计方案根据用途有不同的展现方式，常见的用途和形式为设计手册、展板、演示文稿和影片等。

（一）方案设计手册

常见的设计手册为 A3 纸张大小和 A4 纸张大小，A3 纸张大小为 420 mm × 297 mm（横向），A4 纸张大小为 297 mm × 210 mm（横向）。横向编排的方案手册更有利于添加更多的信息元素。部分方案手册根据方案风格要求或其他要求进行竖向排版。部分竞赛排版可采用双页横向连排的形式，即两张 A3 或 A4 横向纸张拼合进行排版，尺寸可以设置为 841 mm × 297 mm 或 594 mm × 210 mm。这类排版形式更有利于展现图片，形成更灵活的版面设计，增加一定的版面层次性和趣味性。但此类连排方案需要注意封面封底制作的位置及目录页制作的排版位置。例如封面和封底连排的时候，在连排方案左侧应为封底，右侧应为封面，如图 1-2 所示。目录页作为单独页面的时候为单页或连排页右侧录入，如图 1-3 所示。

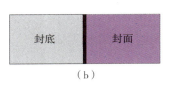

（a）　　　　　　　　　　　（b）

图 1-2　封底封面编排示意图
（a）纵向排版；（b）横向排版

图 1-3 目录页作为单独页面示意图
（a）纵向排版；（b）横向排版

（二）方案展板

方案展板分为虚拟展板和实体展板。虚拟的方案展板尺寸一般不受限制，根据相应要求进行制作。实体展板尺寸一般由喷绘机器和展板材料决定。常见的展板主要有 KT 展板和展架。KT 展板使用写真纸或喷绘布喷绘再附加 KT 板背板，并在写真纸表面用光面或者磨砂面的透明膜覆盖保护喷绘色彩，如图 1-4 所示。展架的制作流程为使用写真纸进行喷绘，并在表面进行透明光泽膜或者磨砂膜覆盖保护，然后将写真纸装于展架，如图 1-5 所示。由于方案展板不适合拼接，因此两种展示形式的喷绘尺寸受制于喷绘机最大喷绘宽度。采用易拉宝进行展示的展架，尺度也受限于易拉宝卷轴的尺度范围。

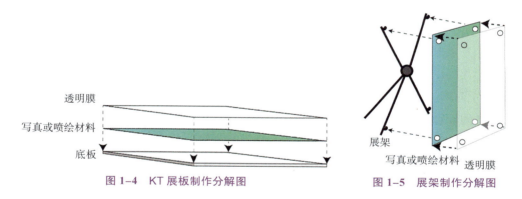

图 1-4 KT 展板制作分解图　　　　　**图 1-5 展架制作分解图**

（三）方案汇报演示文稿

方案汇报使用的演示文稿与方案手册和展板排版方式有所不同。在尺寸上，一般演示文稿的页面长宽比采用 4∶3 或 16∶9 的形式；在内容表达方面，方案手册和展板一般由观众自行浏览，需要将大量注释和文字标于画面，而演示文稿作为辅助演讲人的材料，无须将大量注释等细节内容标注于页面，以减轻观众的浏览负担。

演示文稿页面数量根据演讲时间进行编排，每页演讲时间不宜过短或过长，以免影响整体观赏效果。一般 5 分钟的演讲，作为乡村空间装饰设计方案，不宜多于 30 页，避免过快地切换页面造成观众视觉疲劳。

在未知演讲设备的参数和演讲场景以及制作时间充足的情况下，应考虑制作 4∶3 或 16∶9 等不同比例尺寸的演示文稿，以适应不同的投影仪设备，避免效果图变形或注释尺寸及文字等过小无法识别等问题，形成更好的展示效果。

（四）方案影片

根据用途和内容将方案影片分为效果展示影片和设计过程影片两大类，二者制作特点对比如表 1-1 所示。效果展示影片使用数字虚拟建模导出的三维影片动画进行制作，使用与设计方案风格相配的歌曲进行配乐，并对设计中特色亮点进行文字标注。条件充足的情况下可以配以影片人声解说。设计过程的影片一般用于学科竞赛或公司商业宣传，通过合成设计过程中记录的影片和照片配以相关文字与音乐形成。特别需要注意的是，商用影片使用的音乐和其他素材必须拥有版权或授权使用。

表 1-1　效果展示影片和设计过程影片制作特点对比

对比内容	效果展示影片	设计过程影片
主要素材	方案影片动画	过程短片或照片
影片逻辑	空间行进顺序	设计过程逻辑或人物动作
配乐风格	方案设计风格	展示设计精神
文字、解说	选作	选作

 实训步骤

调研乡村振兴相关理论与优秀的乡村空间装饰设计方案成果，将两者结合进行分析，形成系统的调研分析报告。

步骤 1：调研乡村振兴。通过网络搜索、文献检索、报刊查阅等方式搜寻乡村振兴基本理论，了解乡村振兴政策。

步骤 2：开展设计成果分析。根据寻找的优秀乡村空间装饰设计方案成果，结合乡村空间装饰设计流程、设计方案成果呈现形式进行设计成果分析。

步骤 3：形成调研分析报告。系统整合乡村振兴与设计成果分析，形成逻辑清晰的调研分析报告。

 技能训练表

完成以上步骤后，设计方案成果调研分析报告完成，技能训练表见表 B-1。

 经验分享

1. 调研乡村振兴时可以采用网络搜索、文献检索、报刊查阅等多种方式搜寻，能够提高乡村振兴背景调研的效率。

2. 调研分析报告 PPT 制作过程中可以采用图文结合的方式进行，有助于直观分析感受优秀设计方案成果的表达。

任务 1–2　分析选题与选址

 情境导入

　　小高同学近期有幸参加了乡村振兴比赛，而小潘同学接到了商业项目任务。他们就在思考如何分析项目选题并且合理进行选址。为了更好地进行分析，他们对竞赛和商业项目任务进行了深入研究。他们从分析商业项目任务、分析竞赛项目方案与选址、分析设计作品集三个方面进行了研究分析。

 任务目标

知识目标：

1.了解商业项目任务、竞赛项目方案与选址、设计作品集的基本要求。

2.熟悉分析商业项目任务、分析竞赛项目方案与选址、分析设计作品集的基本思路。

3.掌握分析设计作品集的展现目标。

技能目标：

1.具备分析商业项目任务的技能。

2.具备分析竞赛项目方案与选址的能力。

3.具备设计作品集展现的能力。

思政目标：

1.了解项目选题与选址需具备的精益求精、协作共进的"工匠精神"。

2.熟悉项目实践中应有的敬业精神和职业素养。

3.掌握选题与选址过程中的认知意识和协作意识。

 建议学时

3～4学时

 相关知识

一、分析商业项目任务

（一）了解商业项目的基本概念

商业项目指公司、组织或机构等单位承担的具有一定营利性的乡村空间装饰设计项目。这类项目为乡村空间的终端消费者提供空间装饰服务，在满足用户各类需求的基础上提供各类商业环境和商业模式，通过空间装饰设计、空间运营和商品推广等为公司、组织或机构创造商业价值。

（二）掌握商业项目的主要分类

乡村空间装饰设计的商业项目主要包含景观设计和室内设计两个方向。

景观方向的乡村空间装饰设计包含乡村绿地设计、乡村广场设计、乡村道路景观设计和庭院空间设计等。

室内方向的乡村空间装饰设计包含民宿空间设计、农家乐空间设计、农居房室内设计、乡村公共建筑室内设计、乡村公共空间展示设计等。

（三）了解招标形式

对于设计项目需要了解招标的形式，以更好解读招标文件。《中华人民共和国招标投标法》第十条规定："招标分为公开招标和邀请招标。公开招标，是指招标人以招标公告的方式邀请不特定的法人或者其他组织投标。邀请招标，是指招标人以投标邀请书的方式邀请特定的法人或者其他组织投标。"第十一条规定："国务院发展计划部门确定的国家重点项目和省、自治区、直辖市人民政府确定的地方重点项目不适宜公开招标的，经国务院发展计划部门或者省、自治区、直辖市人民政府批准，可以进行邀请招标。"[1]

（四）熟悉招标文件

技术标书一般包括图样的内容、图幅，以及投标资料打印尺寸等。

在方案概念设计阶段，一般需要提供方案设计文本和汇报资料。常见的方案概念文本包括封面封底、图样总目录、项目基地分析、概念设计说明、概念设计总图、概念设计分析图、创新设计分析图、区域划分图、竖向设计图、交通组织图、场地运营管理图、设计分析图、空间节点设计详图及效果图、植物配置图等。汇报资料一般包括方案展板、方案演示文稿等。

对于设计师，还需要了解投标书中其他设计细节，尽量保证在投标过程中技术标符合相关要求，同时设计师还应根据其他要求制定合理的商务标，合理控制造价。对于有场地情况说明的，应当根据说明及场地勘察文件进行合理设计。

二、分析竞赛项目方案与选址

（一）竞赛介绍

乡村振兴竞赛是一种激活大学生创新思维帮助解决乡村实际问题的竞赛。各类乡

---

① 中华人民共和国招标投标法 [EB/OL].（2018–01–04）[2022–01–15]. http://www.npc.gov.cn/zgrdw/npc/xinwen/2018–01/04/content_2036284.htm?eqid=be3eaba50009c3f900000006644097d7.

村振兴竞赛通常以"乡镇根据需求出题、学校组织学生答题、企业辅助完成设计"的形式进行。竞赛中常有乡村规划设计、空间装饰美化、产业创意设计和人文公益策划等内容。大学生可以通过各类调研途径进行充分调研，合理完成设计任务，进行竞赛评比。

（二）选题方式与选址思路

1. 命题类型

竞赛选题一般分为乡镇命题和自选命题两大类。参赛过程中应根据团队情况选择合适题目，需要充分考虑完成项目设计的时间、任务分配、团队合作模式等。

（1）乡镇命题。对于乡镇命题需要在选择前与当地镇村进行充分沟通，对于设计要求的时间、经济、形式、场地现状等进行梳理。适当从多个选题中进行对比与衡量，选择最利于团队的选题和选址。

（2）自选命题。自选命题一般为参赛选手根据实际经验发现问题或有创意思路后进行的命题。部分竞赛中自选命题不可盲目进行。由于自选场地和命题范围较广，对于初次参赛的选手具有很大的吸引力，但设计项目的可行性需要与当地村镇进行沟通，明确上位规划，要做到造价合理、经济技术指标科学，设计材料和设计周期要合理可控，另外需要作品在场地基础上进行符合乡村村容村貌和文化特色的创新设计，并适当运用新技术和新材料等。

选择场地时应合理考虑选题场地使用场景。乡村建设中，场地有村民生活场景和公共场景等多种类型。选址为村民生活场景的题目，在调研过程中应充分了解村民的生活生产需求，避免为了竞赛而形式化设计。对于公共场景的设计和建设需要在走访大量周边住户的基础上，深入了解村史文化，选定具有实用性的设计选题。设计过程中应按照法律法规要求，严格按照土地使用性质进行设计，以及避免侵占河道和耕地等。

2. 选题技巧

总体上，参赛过程中可以根据以下原则进行选题。

（1）环境适应性。设计选题应能够与周围环境相互融合，设计主体方向应和环境建设方向一致。应避免风格不匹配、设计外观突兀等问题出现。

（2）地方特色性。设计选题应围绕地方特色，通过合理的切入点进行展开设计，避免设计成果实际建设后特色不明确、效果雷同等问题。

（3）创新实用性。创新性选题过程中应避免过于前卫，以实用性为主，合理地改进将更有利于乡村环境建设。

（4）环保美观性。乡村建设中应考虑环保材料、环保技术和环保设施的建设，在具备美观的装饰功能的同时具有环保性，从废物利用、合理再生等方面进行选题。

（5）经济合理性。选题时需要考虑建设的总体费用，非实际建设的项目选题也应考虑费用承担者的实际状况，避免出现过于庞大的开支。

三、分析设计作品集

部分学生在高中、大学毕业等阶段的升学、就业等过程中需要用到设计作品集。设计作品集用于展现学生的综合素质能力，从自身的技能学习程度、社会服务意识、特殊人群的关怀和生活观察能力等多个方面进行表现。作品集可以选择 3 ～ 5 个完整设计项目和个人兴趣作品共同组成作品集，这 3 ～ 5 个项目可以分别从以下这些方面进行表现，如图 1-6 所示。

图 1-6　选题展现目标

（一）技能学习程度

不同学习阶段有不同的能力展现要求，选题内容应体现学生对于职业道德和工匠精神的理解。对于高中学生，主要考查手绘设计能力；有一定电脑使用基础的学生可以进行电脑工程制图和效果图制作。因此在选题过程中应着重考虑展现手绘技能，避免较难表现的设计方向。对于大学毕业生，需要检验建模、效果图制作、手绘、工程制图、造价能力等，从专业的选题和命题可展现部分能力。选题过程中应考虑完成设计整体时间和选题对于能力的展现。

（二）社会服务意识

学生在专业技能学习的同时应充分考虑如何将专业技能转化应用在社会服务中，通过专业能力建设相关产业、改善生产生活空间，体现出专业学习和个人能力实现的价值，为实现共同富裕一起努力。例如，环境艺术设计专业的学生可通过空间设计进行文旅产业、农业生产等产业空间的建设，为旅游开发和劳作生产等提供更好的环境，吸引更多游客，推动乡村经济增长，改善生产环境，增加农村工作幸福感。

（三）特殊人群关怀

乡村空间装饰设计过程中需要考虑对于乡村特殊人群的关怀，其中包括留守儿童、生活不便老人、功能障碍人士等。选题过程中可对其中一类人群重点调研设计。不同乡村的不同人群应做到实地走访，根据实际需求进行具体化设计。应避免笼统性选题，应以特殊人群的认可和实用性作为选题的评判标准之一。例如以乡村空间中留守儿童的生活和学习空间的设计作为选题，应考虑如何在建立具有乡村特色的基础上形成对留守儿童生活和学习的关爱，且能培养儿童及青少年正确的人生观、世界观和价值观，通过环境影响积极树立正确的思想观念引导，培养乡村未来人才。

（四）生活观察能力

作品集中相关乡村生活和旅游的场景也是重要组成部分之一，是检验学生生活观察能力的重要途径。学生应充分利用课余时间进行乡村生活体验活动和素质综合学习。通过乡村生活场景的选题，能展现学生对于乡村生活的思考、理解和感悟。选题过程中应尽可能细化研究内容，以生活点展现细致的观察能力。例如对于乡村劳作工具的储放空间装饰设计，可以体现出对于劳作工具的形态、色彩等方面的了解程度，以及对于劳作工具的使用频率等方面的思考。

 实训步骤

根据自选乡村，练习分析商业性的乡村空间装饰设计项目任务。

步骤 1：熟悉招标要求。认真查看招标文件，熟悉技术标书要求、商务标书要求、设计进度要求、投标答疑要求、设计版权以及其他注意事项。

步骤 2：定位乡村空间装饰设计方向。根据商业项目任务，结合设计团队能力与兴趣，确定商业项目设计目标。

步骤 3：竞赛项目方案选题与选址。充分考虑完成项目设计的时间、任务分配、团队合作模式等进行合理选题与选址。

步骤 4：设计作品集展现。根据前期项目任务分析，结合技能学习程度、社会服务意识、特殊人群关怀、生活观察能力四大方面，最终确定设计作品集展现形式。

 技能训练表

完成以上步骤后，商业项目任务分析完成，技能训练表见表 B-2。

 经验分享

1. 乡村空间装饰设计项目选题与选址过程中可以充分考虑团队成员的设计能力、优势方向、兴趣爱好等内容，耐心沟通交流，能够合理且高效地完成选题与选址。

2. 进行商业项目任务分析时，可对重要信息内容、文件要求、注意事项等进行重点标注，以免遗漏，确保项目有序进行。

即测即练

模块 2
调研分析项目

在模块 1 中学习了认知设计流程和选题方法后，下一步开始进行项目调研的分析。合理和充分的调研有助于为设计理念与概念的形成提供充实的依据，也将为设计带来更多的帮助，辅助设计师对于地理位置、人文情怀、用户需求、产业特色等有深入的了解。

模块提要

本模块在认知设计流程与选题方法后调研分析项目，包括调研分析地理位置与区域规划、调研走访设计场地和综合调研分析乡村三个任务。这三个任务在选题的基础上展开发散性研究，为项目后期设计打下基础，每个任务通过细致的调研导出结论后综合形成后续的设计理念及设计方案。本模块的学习与前后两个模块相互结合形成项目的完整思路。

模块思维导图

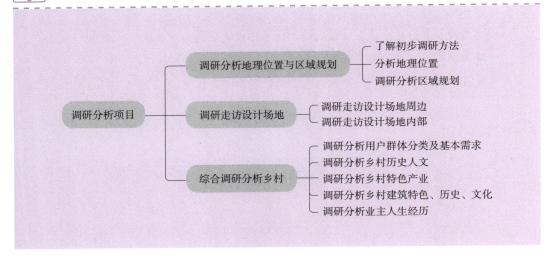

 **建议学时**

5～8学时

任务 2-1 调研分析地理位置与区域规划

 情境导入

　　小高同学和小潘同学在模块 1 中学习认知设计流程和选题方法后，下一步开始进行项目调研的分析。小高同学一直有一个疑惑："到底怎样的设计才是好的设计呢？"张老师告诉小高同学，好的设计首先要在切合实际的基础上满足功能需求，然后再有特色展现和文化延续等。为此他们开始了学习调研分析项目。

 任务目标

知识目标：

1. 了解初步调研的多种途径和方法。

2. 熟悉分析地理位置的原理和方法。

3. 掌握调研分析区域规划的方法。

技能目标：

1. 了解乡村实地调研技巧。

2. 熟悉周边情况分析图的制作技巧。

3. 掌握长途换乘到达时间的统计技巧。

思政目标：

1. 了解设计师对社会需求关注的重要性，形成更好地为社会服务的意识。

2. 熟悉调研过程中的工匠精神，做到调研细致完善。

3. 掌握调研工作流程，培养优良的职业道德和职业操守。

 建议学时

1～2学时

 相关知识

一、了解初步调研方法

走访乡村实地前，可进行在线乡村建设规划与特色分析，对整体规划及乡村有一定了解的基础上，再走访实地，效率会较高。

（一）在线调研途径与技巧

在线调研的途径主要分为搜索引擎建设资料调研和在线电子书籍资料调研。

1. 搜索引擎建设资料调研

乡村建设规划与特色的调研最基础的方法是通过在线搜索引擎进行调研。通过在搜索引擎中输入建设场地及所在乡村的名字进行搜索，输入相关关键词的时候可加入所在区域名称，避免因为村庄同名而得到错误的资料，如 ×× 的张家村，输入关键词"××""张家村"即可，中间可用空格符分隔关键词。关键词越多，精准度越高，但是结果数量会减少，部分具有相关性的结果也会过滤。在初次检索时建议使用少量关键词进行检索，这样在后期精确度更好的检索时可以更加快速。

通常在搜索引擎中需要对建设空间所在地名的由来、村名的由来、乡村特色等进行了解。通过不同的搜索引擎可以获取更多的资料，将各资料进行分类汇总可以得到相关初步的内容。除此外通过搜索引擎中的视频检索和图片检索功能可以更好地进行了解。视频检索中，如果能找到建设空间周边的视频以及乡村相关的宣传片，可以使得调研工作事半功倍。检索后建议下载相关的视频和图片，在实地考察时可以进行对比研究。

与此同时，同类空间和同类村庄的建设调研也可通过搜索引擎进行了解。同类空间的装饰方法作为良好的借鉴，具有一定的指引作用，但是不可作为抄袭对象，一方面是每个村庄各有特色，其设计的内容、形式等都是为了突出该村特色，不可作为复制对象；另一方面为了避免"千村一律"的风格，更好突出建设场地的主题。

信息化时代的进步下，智能语音搜索也成为一种全新的调研方式。通过直接呼叫智能语音助手，说出搜索场地或者村庄可得出智能检索的结果，相对便捷快速。在未来会有更多的搜索方式，可作为资料的补充形式。

2. 在线电子书籍资料调研

随着各类电子书库的面世，在线电子书籍资源也越来越丰富。在电子书库中，检索乡村相关的名字，可能会有相关的村史村志，但相对来说结果数量不会太多。在这种情况下，检索所在区域的名称，可能会得到相关历史类或旅游类书籍，通过翻阅这类书籍，可能在其中找到相关的乡村历史、人物、风景特色、特产等介绍。不同电子书库的书目不同，通常经过多次检索研究后进行汇总会得到一部分相关内容。部分书籍

电子版不完善的情况下，可通过线下调研进行资料完善。

（二）实地调研途径与技巧

进行乡村实地走访和场地调研时首先应该购买相关的人身安全保险，然后准备充足的人员和器材进行科学的调研。通常调研分为管理机构走访调研、整体乡村走访调研、建设场地走访调研和施工单位与材料供应商走访调研等。各个调研部分均需要注意安全。

1. 管理机构走访调研技巧

走访乡村实地首先应该前往乡村管理机构。对于乡村管理机构走访时通常需要了解以下信息：①需要了解整体村域或更大区域的整体规划，了解需要设计的场地位于整体规划中的具体区域和建设指导性要求。②需要了解总体的投资资金概算，明确整体建设规模。③需要了解作为管理机构对于建设场地的设想和期望。④需要了解整体装饰工程的设计、施工、材料供应等单位的关系与沟通方式，有机会的情况下可以尽力去走访沟通协调参与的相关单位与部门。⑤建设场地周围设计方案的资料在征得管理机构的同意下可以进行一定参考，从风格、视觉特征、样式、细节等方面进行学习，以便在方案设计时能够做出配套效果。

2. 整体乡村走访调研技巧及注意事项

乡村空间设计要从整体规划入手，走访整个乡村具有特色的地方有助于对规划建设的熟悉和了解。规划设计可以从管理机构或是规划部门获取，在获取后、走访前要对功能规划、交通流线、空间节点进行充分的研究。在走访时建议从大场景、小细节进行全方位拍照。拍照过程中应取得拍摄场地所有人、使用人或拍摄过程中相应人物的许可，不可对非公共场所私自拍摄。对于装饰色彩调研，在调研过程中建议携带色卡或色彩搭配本等。

二、分析地理位置

（一）分析设计场地地理位置

地理位置对于项目场地分析具有重要的作用，一般按照自大而小顺序范围进行。地理位置查找通常按照以下步骤进行，对于有特殊需要的区域可以从更大范围进行分析。

在进行地理位置分析时，需要对各类情况进行具体分析，如图 2-1 所示。对场地周围的机场、各类铁路、高速公路、国道、地铁、公路、水路等进行交通分析；对场地周围的商业中心、店铺、办公楼群等进行商业分析；对场地周围的学校、培训机构等进行教育分析；对场地周围的住宅小区、民房、酒店和旅馆等进行居住分析；对场地周围的旅游资源进行分析以及对其他各类情况进行分析。可在矢量图上通过不同色块进行标注，以更好展现相应情况，如图 2-2 所示。

图 2-1　各类情况分析汇总　　　　　图 2-2　周边情况分析示意图

从不同的地理位置可以分析出游客前往该地的方式、时间和时长。举例而言，交通便利的场地，游客可通过各类短途公交车、地铁等短程公交或骑车、自驾、步行等方式前往；交通不便的场地需要通过远距离公共交通或自驾前往，交通时间较长。长距离的行程对于上班或读书的人，一般都在周末或节假日才有机会前往。这些时间点为后期用户需求和商业运营与策划等提供了依据。

（二）分类与分析文旅游客时间

文旅游客一般根据游玩时长可分为以下五类。

（1）多日游。多日游包括两日以上的时长，游客需要一个相对稳定的居住空间，参与场地多日活动，主要包含疗养休假、研学体验、休闲观光等。

（2）两日游。两日游一般为双休日前来的游客，需要一个晚上住宿及各类餐食服务。

（3）一日游。一日游的游客一般无须住宿，但需要在餐饮上提供相应服务。一日游游客一般来自周边区域。

（4）半日游。半日游的游客一般来自当地及周边，在设计场地有一定主题活动时，半日游游客相对较多。

（5）小时游。小时游一般指周边散步的居民或来闲逛的游客，尤其是晚饭后进行户外散步的人群较多。

（三）远程交通短途换乘分析

在之前基础上，对于各类人群进行交通状况分析。该分析可结合交通情况进行汇总。对于远距离游客，需要依靠长途交通工具先行到达机场、高铁动车站、水运码头和长途汽车站等。从这些起始点出发换乘短途的公交车、地铁、出租车等到达最后的项目所在地。制作分析图时，在区域图中对各个长途交通工具设施空间点位进行标注，使用虚线连接各个点位至项目位置，并标注不同的短途换乘工具所需时间。

（四）短途换乘及步行时间分析

短途换乘时间主要计算从项目所在地就近公交车站、地铁站步行到达项目所在地的时间，在图上进行标注。短途出行因实际出发地点不确定，只能计算后期步行距离。

（五）综合时长分析

长途交通工具换乘点到达最终项目所在地时间可通过列表形式进行标注。该时间计算有助于分析游客的实际游玩时间，如表2-1所示。

表 2-1　长途换乘到达最终时间

地点	步行至公交车站或地铁站时间	公交车或地铁路途时间	步行至项目地块时间	合计
机场				
高铁动车站				
水运码头				
长途汽车站				

三、调研分析区域规划

乡村空间设计时，需要根据上位规划要求逐步进行，区域建设的规划可从整体规划方向、整体布局目标、规划分区特色三个方面进行调研和分析。

（一）熟悉整体规划方向

整体规划方向应从以下五个方面进行。

（1）规划范围。需要了解总体规划面积、区域位置、核心区块、组成体系。

（2）区位分析。了解交通区位分析和地理区位分析。交通区位分析中需要对主要交通要道：飞机场、火车站、码头、高速公路、国道、快速路等与地块的距离进行分析。地理区位中需要对整体区划的特色、周边临近的特色区块和大致位置有所分析。

（3）自然环境分析。对于整体场地地形地势、水系分布、建筑布局等有合理评估。

（4）产业分析。对区域内各功能板块的产业规划和产业特色情况进行分析。

（5）乡村整体区块现状。分析乡村组成模式、布局形态、自然环境、历史特色等。

（二）熟悉整体布局目标

整体区域布局需要从以下六个方面进行分析。

（1）整体定位。需要了解整体规划定位的理念、依托的产业结构、地理资源优势、规划的发展模式、打造的全新业态和总体规划价值。

（2）发展目标。需要了解短期、中期和长期的发展目标。

（3）对外衔接。研究规划场地与周边特色区域形成的产业链、旅游链、文化链衔接等。

（4）整体布局。了解区域内的核心空间、特色点位、特色带或线路、特色区域和组成模式等。

（5）交通设计状况。对路网布局、交通模式、特色交通方式进行研究分析。

（6）区域文旅营销策略。了解相关的运营模式、规划特色等。

（三）了解规划分区具体特色

规划分区具体特色需从以下六个方面进行分析。

（1）分区规划思路。了解规划思路、主要规划功能、开发途径和价值导向。

（2）分区特色点位。了解各个特色点位的场地性质、点位主题和点位功能等。

（3）规划与设计意向。明确分区的设计特色、意向等。

（4）建筑整体风貌。对于新建和改建建筑的造型、材质和色彩进行了解。

（5）运营模式。研究运营的模式、特色等。

（6）产业开发。了解现有产业和未来产业开发情况。

 实训步骤

调研从机场、高铁动车站、水运码头、长途汽车站到达目的所在地需要花费的时间，完成表 2-2 的填写。

表 2-2　长途换乘时间统计表

地点	步行至公交车站或地铁站时间	公交车或地铁路途时间	步行至目的地时间	合计
机场				
高铁动车站				
水运码头				
长途汽车站				

步骤 1：调研从机场计算虚拟步行至公交车站或地铁站的时间及公交车或地铁路途时间，再计算步行至目的地时间，填入表中相应位置。

步骤 2：调研从高铁动车站计算虚拟步行至公交车站或地铁站的时间及公交车或地铁路途时间，再计算步行至目的地时间，填入表中相应位置。

步骤 3：调研从水运码头计算虚拟步行至公交车站或地铁站的时间及公交车或地铁路途时间，再计算步行至目的地时间，填入表中相应位置。

步骤 4：调研从长途汽车站计算虚拟步行至公交车站或地铁站的时间及公交车或地铁路途时间，再计算虚拟步行至目的地时间，填入表中相应位置。

技能训练表

完成以上步骤后，长途换乘时间统计实训完成，技能训练表见表 B-3。

 经验分享

1. 在配套需求调研过程中若景点需要建设或调研不变时可采用情景模拟的方法，体验和感悟游客的需求，进行多人讨论更有助于形成完善的方案。

2. 了解不同区位的需求有助于后期调研，可在区位需求基础上逐步开展设计场地、用户群体和综合调研等。

任务 2-2　调研走访设计场地

 情境导入

小高同学平时很少与陌生人沟通，十分胆怯，对于调研走访设计场地这个任务十分担心，不知道自己该调研什么，也不清楚该怎么与不同的人群交流。为此小高同学请教了张老师。张老师说："调研和沟通还是要掌握技巧，多多练习就可以了。"让我们和小高同学一起学习调研走访的技巧。

 任务目标

知识目标：

1. 了解调研走访设计场地周边和内部的流程和步骤。

2. 熟悉与业主四个阶段沟通的内容。

3. 掌握制作场地周边分析图、场地内部分析图和多层建筑室内场地内部分析图的步骤。

技能目标：

1. 了解走访场地周边地区及内部的调研技巧。

2. 熟悉业主沟通技巧。

3. 掌握制作场地周边分析图、场地内部分析图和多层建筑室内场地内部分析图的技巧。

思政目标：

1. 培养学生关注乡村、服务乡村的意识。

2. 熟悉设计师的职业操守与职业道德。

3. 学习工匠精神，关注在调研过程中的细节。

 建议学时

1 ~ 2 学时

 相关知识

一、调研走访设计场地周边

（一）走访各类周边地点

应在了解规划基础上，走访调研周边重要的以下七个场地。七个场地中具体介绍了调研的相关内容，可供调研时参考使用。

1. 特色景点

乡村空间的装饰需要前往特色景点获取装饰相关的调研材料。特色景点可以是风景名胜，也可以是历史人文建筑等。特色景点在精细调研分析后可以为设计的乡村空间提供装饰元素、形式和色彩等。在调研过程中，可对特色景点的人流状况、消费价格、停留时间等进行了解和统计，以及在往返过程中可以统计交通时间，供后期运营策划等使用。

2. 居住区

乡村空间周边一般伴有乡村居住区。在对居住区的调研过程中可了解周边住户对设计场地的需求和设想等。设计场地与居住区之间的距离将决定后期设计中场地的开放程度、声音环境设计等。居住区的基本居住模式对场地设计中的水电配套走向等具有一定参考意义，此外在居住区中也可调研装饰相关的人文故事、建筑特色、历史文化等。

3. 交通设施

交通设施包含停车场、公共自行车停放点、公交车站等。对交通设施的走访可了解场地的对外便捷程度。调研交通设施到场地的步行时间，可为游览路线的规划和制定提供数据。

4. 餐饮点

对于有餐饮规划的设计场地，走访调研附近餐饮点位，可了解相关的竞争品牌和价格等。对于无餐饮功能的设计场地，走访时可了解游客和空间管理及服务人员的餐饮位置。

5. 产业区

在走访调研产业区过程中，可了解乡村特色产业与文化的同时，思考装饰的空间与产业的互联关系及消费关联性。对有特色的产业空间，可进行装饰空间的装饰元素、形式和色彩的提取。产业区的走访也为后期文旅产品开发和场地的运营策划等提供基础。

6. 文教场所

在部分乡村空间装饰中会开发研学功能。在走访场地周边文教场所过程中，可了解场地距离文教场所的距离，文教场所内的教育层次、研学需求等。在当地走访产业和文教场所后，也可进行地方性产学研的结合思路研究。

7. 管理机构及服务中心

走访调研管理机构及服务中心，在获取相关设计资料时，还可听取设计的相关建议。熟悉场地位置可便于后期方案的批准、调整和其他事项的沟通等。了解管理机构及服务中心的地点位置也将为空间运营后的管理者和游客等提供便利。

以上七种类型场地为常见的调研场地，根据项目不同可能还有别的场地需要调研走访，设计师可在走访前明确调研目标。在各类场所调研后，建议留下调研场所相关人员的电话，便于后期补充调研时能快速进行沟通，提高设计效率。

（二）制作场地周边分析图

1. 周边分析图要素分析

根据调研走访的结果，使用 Adobe Illustrator 等矢量软件制作场地周边分析图。周边分析图应包含以下要素。

（1）总体区域缩略平面图。

（2）设计场所位置标注。

（3）各类场所的点位或区域标注及相关介绍。

（4）主要区域道路及水路。

（5）相关图名及图示图例。

2. 学习制作过程

第一步，打开 Adobe Illustrator 软件后，在窗口菜单中找到【图层】并新建"平面图"图层、"图例图示"图层、"文字"图层等，如图 2-3 所示。

知识点讲解

周边分析图制作

图 2-3 新建图层示意图

第二步，置入区域平面缩略图，并调整区域图的透明度，如图 2-4 所示。

图 2-4 区域图的透明度

第三步，使用钢笔工具在"图例图示图层"绘制项目场地并合理设置其外观，如图 2-5 所示。

第四步，使用圆形工具在重点点位上制作圆形，合理设置其外观及透明度，各类不同点位使用不同色彩表示。使用钢笔工具在重点区域制作多边形，用同样形式设置外观及透明度。制作后的效果如图 2-6 所示。

图 2-5 项目场地图例制作   图 2-6 重点点位及区域图例制作

第五步，复制相应图中各类图例至右下角，制作图例，如图 2-7 所示。

第六步，使用钢笔工具制作重要道路及水路虚线，如图 2-8 所示。虚线设置参数可在【描边】菜单中根据项目实际需要进行调整，如图 2-9 所示。此外，将该图示复制到右下图例区。

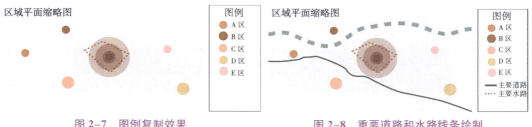

区域平面缩略图   区域平面缩略图

图 2-7   图例复制效果   图 2-8   重要道路和水路线条绘制

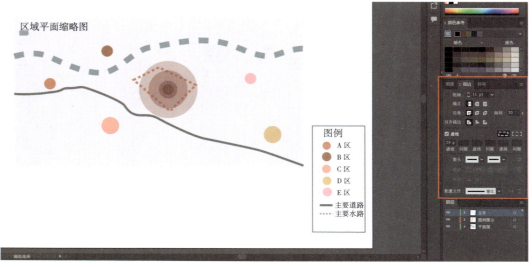

区域平面缩略图

图 2-9   【描边】菜单中的参数设置

第七步，使用钢笔工具绘制各个重要点位及区域至项目场地的虚线，用以表示交通路线，虚线具体参数根据图片自定义设置，如图 2-10 所示。同时将该图示复制到右下图例区。

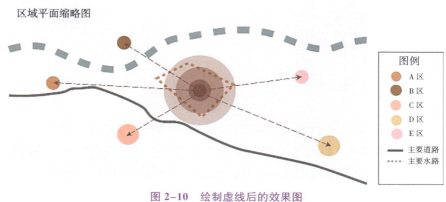

区域平面缩略图

图 2-10   绘制虚线后的效果图

第八步，在"文字图层"中使用文字工具对各个点位和区域进行具体名称标注，对各个点位至项目场地的虚线用文字标注交通时间，对图例用文字标注相关表示的内容。文字标注完后效果如图 2-11 所示。

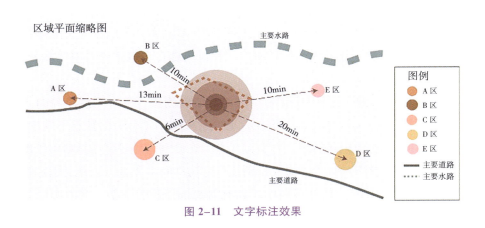

图 2-11 文字标注效果

第九步，可在周边场地点位和区域位置适当插入相关照片，起到更好的表达作用，如图 2-12 所示。

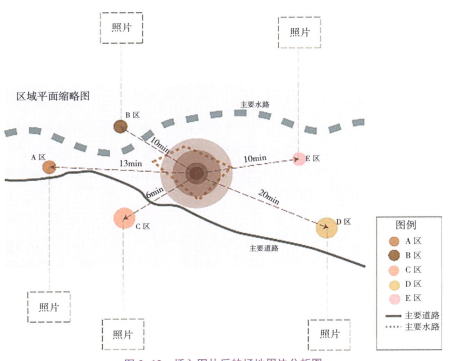

图 2-12 插入图片后的场地周边分析图

二、调研走访设计场地内部

（一）走访场地内部

建设场地走访调研过程中需要科学精准的仪器。常用的测量工具例如全站仪、皮尺、卷尺、自喷漆等需要准备充分。在现场测量的过程中要准备充足的人员，简易测量中可以四人一组，两人负责测量，一人拍照，一人记录。在拍照时，可以在照片中进行数据标注，以便后期绘图和建模使用。在建设场地走访过程中，需要佩戴安全帽，做好相关防护工作，保证人员安全。

在户外乡村空间建设过程中需要注意场地的坡度测量，没有测量经验的人员通常会只测量长度宽度等平面尺寸，遗漏坡度，造成后期装饰工程中的数据不准确等情况。此外在走访调研过程中要记录树木、石头等元素，在绘制图样时要尽量精确绘图。

在室内空间走访调研过程中，需要特别注意危房空间不要进入，避免坍塌造成人身伤害。室内测绘时需要充足的光线照明，因此需要携带照明设备。室内调研过程中空间层高可用激光测距仪进行测量，由于地面或顶面可能有一定坡度，在测量过程中需要多次多点对于高度数据进行比对，记录客观真实的空间数据。空间调研过程中需要对各个建筑围护墙体及空间分隔墙体的材料进行分析研究，可以通过简单的宽度测量、敲击、开凿等方法判断墙体的材料。特别注意的是，部分墙体中可能会埋有管线，需要仔细分析和研究，避免在后期的设计中遇到麻烦。在乡村室内空间调研时，也需要考虑户外水电的接线接口处。部分乡村空间中并没有安装电路和水路，在后期新增的情况下，会对设计产生一定影响，尤其是线管外露时造成的美观问题。另外室内空间的调研过程中需要注意光照对空间的影响，后期会对装饰氛围造成一定影响，在时间充裕的情况下，需要科学地分析照明角度和范围。

（二）业主沟通技巧

良好的沟通技巧能够帮助乡村空间进行更具特色的设计以及更好地开展施工。乡村空间装饰需要与业主全方位沟通，未进行全方位沟通或未实时沟通会造成工程迟滞以及停工。在设计和施工过程中，沟通主要分为设计前沟通、现场测量和放样沟通、装饰施工过程沟通及养护保养建议等。

1.设计前沟通

设计前需要充分听取业主对于建设场地的意见和想法。业主对于建设场地自身的问题及建议能够避免设计过程中的一些疏漏，并且业主也能够给出相应的投资经费想法，尽量避免设计过程中超过预算，进行合理的费用把控。与此同时沟通了解建设场地周边状况，也能更好处理乡村空间建设场地和周边空间的融合关系。

在户外乡村空间的建设过程中，需要及时与周边邻居进行沟通，并且取得理解和信任。以院落围墙为例，两户之间原本没有院落挡墙，但是在改造过程中希望建设一个院落挡墙，应充分沟通，避免双方对于院落空间大小或围墙高度的争议。及时合理的沟通可以减少施工返工等问题，避免浪费经费和消耗人力物力，促进在工期内完工。在乡村公共场地建设的过程中需要特别注意的是，设计前尽量走访周边全部村民，尽量避开一些特殊的不可建设场地。

乡村空间改造中，与村民充分沟通的同时还应与乡村管理机构进行充分沟通，一方面管理机构对于整体乡村的规划更为了解；另一方面也可为与村民沟通起到推动和帮助作用，必要时还可以起到至关重要的协调作用。

设计前的沟通工作往往被一些设计师所忽略或做得不够完善，给后期建设和协调造成更多的麻烦。通过前期良好的沟通，能够为乡村空间的装饰设计起到"事半功倍"的作用。

2. 现场测量和放样沟通

乡村空间装饰建设主要分为室内空间和室外空间两种，在沟通的过程中有不同的技巧。

乡村室内空间沟通过程中需要对空间的新建或改建的建筑结构进行充分的沟通，在此基础上研究合理的装饰材料。例如在木结构的房屋中进行空间装饰设计，首先要与业主进行沟通，了解建设的年份、材料的情况以及目前出现的问题。部分年代久远的乡村木结构房屋需要修缮的情况下，现场测量或放样的数据会有所偏差。沟通充分的情况下可以减少反复修改图样的工作量。与此同时室内空间装饰个性化定制部分通常由广告公司进行制作，对于定制品安装的尺寸需要仔细测量及沟通安装方法。

室外空间装饰设计需要与相关的广告公司和土建施工单位、管线施工单位等充分沟通。广告公司通常承担户外的标志标牌、非标金属构架、个性化装饰品定制等工作。在现场与广告公司沟通安装的牢固程度、可实施性及维护方法等，能够促进开展施工。

土建施工单位、管线施工单位的沟通中需要细致沟通场地的坡度。室外空间的测量和放样相较于室内空间最大的不同点在于室外空间地面通常有一定的坡度，在测量地面装饰和放样的过程中需要考虑坡度带来的长度变化和立面设计的影响。例如设计台阶时需要考虑立面的坡度变化，以及在整体场地设计时需要考虑排水方向等。在户外场地的沟通和放样的过程中，要向相关建设单位和业主了解整体场地的变化，尤其是坡度变化，避免后期坡度变化造成的施工工艺难度增加和材料增加等。

3. 装饰施工过程沟通

装饰施工过程中沟通需要注意时效性、准确性、有效性等方面。在时效性上，出现任何问题都需要及时告知安装师傅或施工单位。因为在乡村空间装饰过程中，会涉及多个专业单位，所以需要建立良好的沟通网络。在准确性上，要确保沟通过程中尺寸数据的精准、时间安排的精准和人员工作内容的精准，避免出现模棱两可的沟通和将简单的事情复杂化。在有效性方面，要进行合理的文字、图片沟通记录的传递和保留，避免后期因为争议导致矛盾冲突，确保沟通过程中达到双方认可的程度。

4. 养护保养建议

在建设基本完毕后，设计师需要与业主单位或后期管理单位沟通养护相关内容，提出合理有效的保养方法，确保后期能够维持建设完初期的整体效果。

乡村户外空间主要沟通绿植修剪、水质保养、材料清洁、工具摆放等方面。例如对于乡村特色庭院的设计，在对植物进行合理形状修剪、病虫害防护沟通的基础上，对于农户劳作物品、生活用品的户外空间摆放也要提出适当沟通建议，避免后期因为物品摆放不当造成设计效果不理想的问题。

乡村室内空间主要沟通软装清洁、物品摆放、绿植浇灌、温湿控制等方面。在软装清洁方面，要与业主沟通不同软装饰品的合理清洁方法；在物品摆放方面，要告知摆放的合理位置及美观影响度等；室内的绿植浇灌和替换也要进行充分沟通，保证原有装饰空间中的绿植持续存放；在空间温度和湿度方面进行合理控制可以有效避免空间内物品变质、开裂及发霉等情况产生；对于室内地面的高级养护也需要及时告知业主，可在基本清洁的基础上进行地面抛光打蜡或上漆等处理工艺，避免后期因为地面处理不当，出现安全问题及严重影响空间视觉美观。

（三）调研建筑结构

1. 民宿建筑结构调研

常见的民宿建设有乡村居民楼改建、民宿新建和其他功能房屋改建等多种形式，并因建筑构造格局各具特色。部分民宿可以通过其建筑结构进行装饰，为此结构调研可以为后期设计提供相关依据和具体装饰位置。

部分民宿在改造过程中因房屋老旧、结构破坏需要修复建筑结构，在改建后，待相关机构及人员对房屋结构安全评价及验收合格后才可调研、设计及施工。对于这类建筑，在修复前不可靠近及进入室内进行调研，避免产生危险。

居民楼改建民宿中常见的主要包括三类房屋，即以木质结构为主体的坡顶房屋、以砖混结构为主的多层房屋和以框架结构为主的房屋。在部分地区具有特色的窑洞、架空建筑、下沉式空间等需要根据现场实际建筑结构形式具体分析。

木质结构的房屋改建过程中需要在考虑木质框架结构及其基础底座等部件的安全性和稳定性的基础上构思装饰设计。一般木质结构及墙体作为装饰重要组件，其材料质感和肌理对于整体空间装饰主题具有重大影响。在修缮过程中废弃的老旧建筑结构材料，通过设计和裁切后可以用作空间装饰。

以砖混结构为主体的房屋在调研过程中需要记录墙体的位置、结构和厚度等，通常砖混结构房屋的墙体不可移除。砖混结构房屋设计中，部分墙体可通过砖块外露的形式作为装饰。

以框架和框架剪力墙结构为主的房屋在调研过程中需要记录所有建筑结构形式并能区分多边形结构柱和剪力墙等。这些建筑构件在装饰设计中不可以拆除。其他建筑构件的细节数据在调研时应当被记录。

2. 民宿空间现状及问题

民宿空间调研需要在建筑结构分析的基础上进行纵向和横向的空间调研和分析。从纵向上进行空间研究，主要从噪声、层高、温控、采光等方面深入分析。噪声可以根据相关标准科学测量，分别记录于图中各层相应空间内。对于各楼层层高相差较大的民宿空间，需要通过激光测距仪或卷尺等工具测量并记录各层层高数值。由于层高和建筑结构设计差异，不同住宿空间内采光会有所不同，可以通过采光仪器按照相关标准进行测量，并记录采光差异性，为后期的装饰色彩选择和装饰材料选取提供相关依据。

（四）庭院内部走访

私家庭院根据业主要求，通常可以分为开放型庭院和私密型庭院。开放型庭院指业主愿意周边居民或者游客等进入庭院进行交流活动或商业活动，这类庭院通常会伴随着业主的商业开发，如民宿及农家乐开发。私密型庭院指业主独用的庭院，这类庭院通常用作室外休闲、休憩及种植等。

1. 开放型庭院

开放型庭院进行装饰主要从以下四点进行分析：庭院围合模式、场地地势分析、庭院功能分区、庭院交通模式。

1）庭院围合模式

庭院围合模式主要有墙体围合、围栏围合、篱笆围合。墙体围合一般为砖墙或石墙。砖墙在装饰的过程中，在结构安全保证、业主与周边业主愿意、乡村管理部门允许的情况下，可以适当开窗、开洞改建，有利于墙外游客或其他业主通过这些窗洞看到院内情况，进一步吸引入院，起到增加人气、活跃气氛、增加收入等作用。围栏围合或篱笆围合的庭院，可在围栏或篱笆上进行适当特色饰品装饰，美化围合部件的同时，增强院落特色文化展现。

2）场地地势分析

常见的庭院为场地较为平整的庭院，也有庭院建造在坡地或下沉式空间中。场地平整的庭院在空间装饰时可以适当考虑增加平台，丰富空间层次性的同时，增加适当空间趣味性。庭院建造在坡地的空间，需要分析坡地整体情况，例如坡度、安全性、排水性等。坡地的庭院中，在保证安全性的情况下，合理的平台设置可以更充分利用整体场地。下沉式的庭院可以在分析空间视线的基础上合理分隔空间。

3）庭院功能分区

在场地初步设计时，庭院需要进行功能分区后再设计交通流线模式，以更好地设计区块的功能性。开放型庭院通常具有交通、存储、休闲、娱乐、观赏、餐饮等部分功能。

在进行庭院功能分区时，可以根据业主的需求、场地的状况及未来设计的意向采用气泡图的形式进行初步设计。设计时要明确不同分区的大小和位置及高差等，对具有建构筑物阴影部分的场地要进行单独分析，这类场地会对植物的生长、器具的储放及座席的感受产生影响。在开放式庭院中布置餐饮区时，需要考虑庭院的风向，在进行烧烤等具有烟雾和气味的设计时，合理的场地布置可以避免油烟对用户的影响。

开放型庭院要考虑开放区域的庭院功能，这部分功能区块会直接影响到庭院的运营效果。在商业运营的开放型庭院中，对于庭院边界或是庭院聚焦空间中应布置具有观赏性的活动或是吸引人气的活动，如可以进行乡村特色文化表演、特色产品展示或其他吸引人气的售卖等。

在分析整体综合规划的同时，不同功能区块分析过程中要全方位分析周围的建筑、围栏、构架、山体、地形、水系等。合理利用这些要素设计区块会成为庭院"因地制宜"的特色亮点。常见的庭院因其地形地势平坦，通常为平面的功能分区设计，而对于地势差距较大的院落，可以通过地形地势分析，形成三维立体的功能分区，以更好利用空间及相关建设条件。三维立体分析过程中应合理充分表达不同高差层次的优势和劣势，避免空间叠放产生的功能混乱等问题。

4）庭院交通模式

开放式庭院交通模式中主要考虑三类人群的动线，即业主、管理人员和游客。开放式庭院的动线设计时尽量避免这三类人群交通流线混合，以更好地疏导庭院人流。业主和管理人员的动线从入口至构筑物、仓库等都需要快速畅通。管理人员的交通流线在空间规模和出入条件允许的情况下，适当要考虑通过不同的庭院出入口避免货物运输、垃圾清理等过程在庭院中对游客造成影响。

游客的交通流线可以根据游客的不同需求进行分流。短暂停留的游客路线需要和长时间驻留的游客分开，以减少相互之间的行为影响。例如在庭院内进行短暂欣赏风景的游客要和停留喝茶的游客分开，以营造更休闲舒适的环境。

庭院的交通模式除了基本的院落小路外，平台、汀步、小桥等均可以成为人流动线其中的一环。庭院设计过程中，可以使用不同的材质及布置方法增加庭院的趣味性，避免院内小路将庭院进行"叶脉式"划分。叶脉式划分指以一条主要路为主轴，从入口通到庭院最深处，其他相关支路从主路不同处进行连接，连接不同功能区块。这种模式下，大量的人群会聚集到主要道路上，这种布置模式更适合人数较少的私密型庭院。在庭院面积大小足够的情况下，可以进行院落环线的设置，环线可以布置在院落中部，也可以布置在院落边界。环线的设置有助于游客的流动，避免不同方向的人群聚集到一条道路上造成拥挤的感觉。此外，在空间大小允许的场地中，设置具有一定面积的小型"广场"也有助于人流分散，这类"小型广场"通常为硬质地面、软质平台或草坪等。这类平台因其充足的面积和功能的多样性将更好地满足庭院的需要。在进行空间设计分析的过程中，这类平台建设的地形基础、周边功能区块的衔接方法、整体庭院的视线分析等都需要综合考虑。

2. 私密型庭院

私密型庭院主要服务对象为业主，与开放型庭院在庭院围合模式、场地地势分析、庭院功能分区和庭院交通模式等方面有所区别。

1）庭院围合模式

私密型庭院围合模式注重私密性。在庭院空间设计中，结合高墙、密植和构筑物等多种元素围合庭院，遮蔽外部人员对于庭院内部空间的视线，形成空间私密性。庭院围合形式需与整体环境风格和色彩相互融合，将空间更好融入周围环境。例如在竹林边的庭院，可结合墙体与密植的竹子遮蔽视线和装饰空间。

2）场地地势分析

私密型庭院可以充分利用场地地势阻隔视线，形成空间屏障。在山地起伏的环境中设计庭院，可利用地形地势形成私密型空间，营造过程中具有优势，但庭院使用过程中数量较多的台阶会对用户造成不便；在平坦的环境中设计庭院，合理设置空间高差，通过开挖和回填土方等形式兼顾便利性的同时达到空间私密效果。

3）庭院功能分区

私密型庭院根据业主的个性化需求布局整体空间。庭院中常见的功能有会客、观赏、餐饮、垂钓等。设计时需考虑不同功能区之间的相互影响，可使用砖石、植物、装置等装饰材料分隔空间。整体庭院的主要功能可用于主题性装饰，例如以种植兰花为主的私密庭院，使用兰花形状设计地面和墙面装饰等。

4）庭院交通模式

私密型庭院交通模式设计中，可以空间不同功能区块的使用频繁程度作为依据，设计人流动线的主线和辅线。空间功能的使用频率需要调研业主的使用时间、使用人数后分析汇总得出，一般情况下使用频率较高、时间较长、人数较多的功能空间布置在主线，频率较低、时间较短、人数较少的功能空间布置在辅线。

（五）场地内部分析图制作

1. 场地内部分析图要素分析

根据调研走访的结果，使用 Adobe Illustrator 等矢量软件制作场地内部分析图。场地内部分析图应包含以下要素。

（1）总体场地缩略平面图。

（2）现有功能分区标注。

（3）交通流线或人流动线标注。

（4）重要点位及区域标注。

（5）相关图名及图示图例。

31

2.学习景观、平面室内场地内部分析图制作过程

第一步，打开 Adobe Illustrator 软件后，在窗口菜单中找到【图层】并新建"平面图"图层、"图例图示"图层、"文字"图层等，如图 2-13 所示。

图 2-13　新建图层示意图

第二步，用钢笔工具绘制总体场地缩略平面图，并绘制其色彩及描边等，如图 2-14 所示。

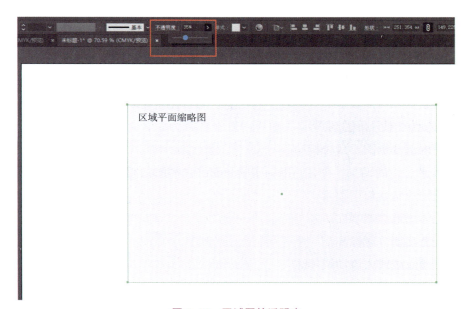

图 2-14　区域图的透明度

第三步，使用钢笔工具在"图例图示图层"绘制现有功能分区，如图 2-15 所示。复制相应图中各类图例至右下角，制作图例，如图 2-16 所示。

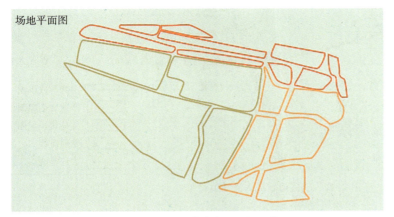

图 2-15　现有功能分区图例制作

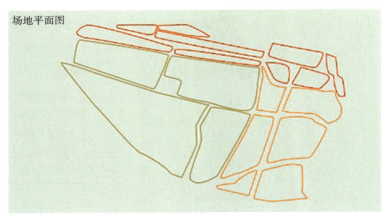

图 2-16　图例复制效果

第四步，使用钢笔工具制作交通流线及人流动线，如图 2-17 所示。虚线设置参数可在【描边】菜单中根据项目实际需要进行调整，此外将该图示复制到右下图例区。

第五步，使用圆形工具在重点点位上制作圆形，合理设置其外观及透明度，各类不同点位使用不同色彩表示。使用钢笔工具在重点区域制作多边形，用同样形式设置外观及透明度。制作后的效果如图 2-18 所示。

第六步，在"文字图层"中使用文字工具对各个点位和区域进行具体名称标注，对图例用文字标注相关表示的内容。文字标注完后效果如图 2-19 所示。

第七步，在场地重要点位和区域适当插入现场照片，起到更好的表达作用，如图 2-20 所示。

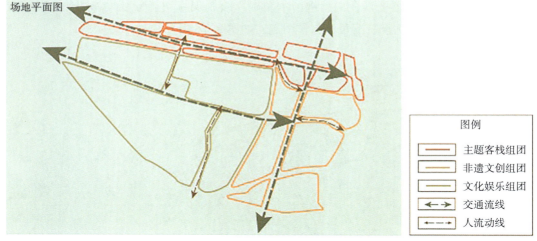

图 2-17　交通流线或人流动线绘制

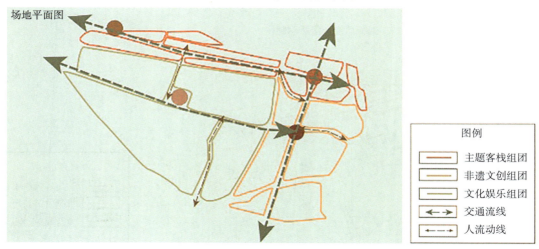

图 2-18　重点点位及区域标注制作

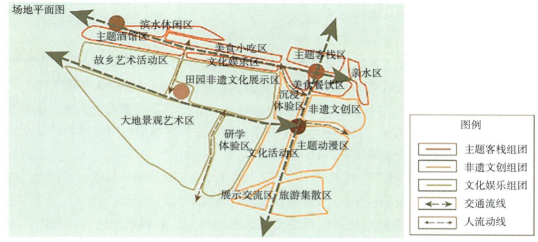

图 2-19　文字标注效果

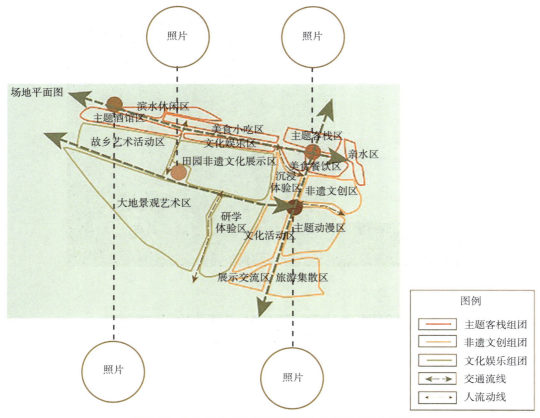

图 2-20　插入图片后的景观或平面室内场地内部分析图

实训步骤

学习多层建筑室内场地内部分析图制作过程

步骤 1： 打开 Adobe Illustrator 软件后，在窗口菜单中找到【图层】并新建"平面图"图层、"图例图示"图层、"文字"图层等，如图 2-21 所示。

知识点讲解

多层建筑室内场地
分析图

步骤 2： 用钢笔工具绘制各层总体场地缩略平面图，并将其上色及描边，如图 2-22 所示。

步骤 3： 使用钢笔工具在"图例图示图层"绘制各层功能分区，如图 2-23 所示。根据图中色彩在右下角制作图例，如图 2-24 所示。

步骤 4： 使用钢笔工具制作连接各楼层的人流动线，如图 2-25 所示。虚线设置参数可在【描边】菜单中根据项目实际需要进行调整，此外将该图示复制到右下图例区。特别注意虚线与楼层的前后关系。

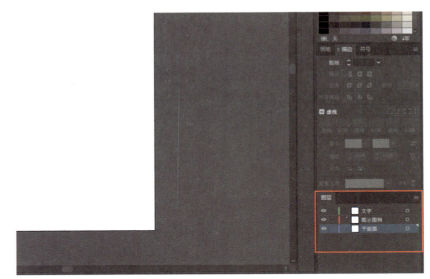

图 2-21　新建图层示意图

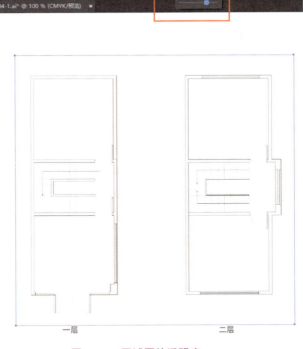

一层　　　　　　二层

图 2-22　区域图的透明度

步骤 5：使用圆形工具在重点点位上制作圆形，合理设置其外观及透明度，各类不同点位使用不同色彩表示。使用钢笔工具在重点区域制作多边形，用同样形式设置外观及透明度。制作后的效果如图 2-26 所示。

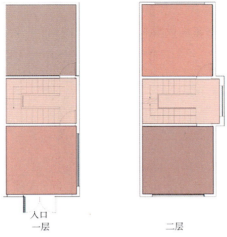

入口
一层   二层

图 2-23　现有功能分区图制作

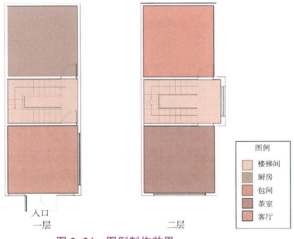

入口
一层   二层

图例

楼梯间
厨房
包间
茶室
客厅

图 2-24　图例制作效果

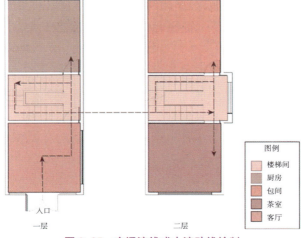

入口
一层   二层

图例

楼梯间
厨房
包间
茶室
客厅

图 2-25　交通流线或人流动线绘制

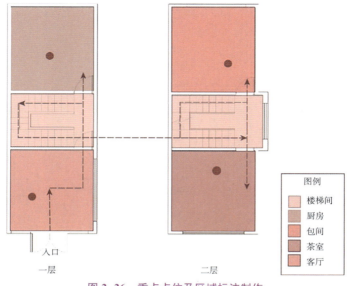

图 2-26　重点点位及区域标注制作

步骤 6：在"文字图层"中使用文字工具对各个点位和区域进行具体名称标注，对图例用文字标注相关表示的内容。文字标注完后效果如图 2-27 所示。

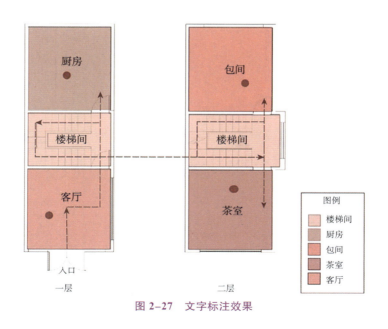

图 2-27　文字标注效果

步骤 7：在建筑各个立面插入立面图，在场地重要点位和区域适当插入现场照片，起到更好的表达作用，如图 2-28 所示。

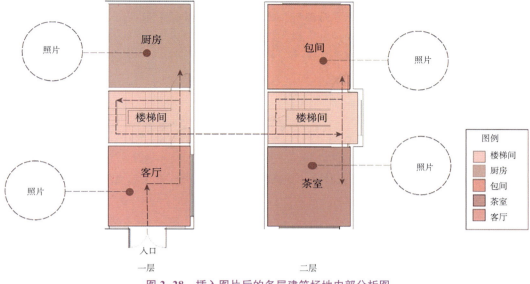

图 2-28　插入图片后的多层建筑场地内部分析图

 技能训练表

完成以上步骤后，制作多层建筑室内场地内部分析图完成，技能训练表见表 B-4。

经验分享

1. 在制作交通流线或人流动线过程中，不同的流线宜采用不同的线型和颜色，应尽量避免线条相互交叉，优化表达效果。

2. 在插入各类实景照片过程中，可采用图像编辑软件对亮度与色彩饱和度等进行调整，形成风格一致、场景时间类似的整体效果。

任务 2-3　综合调研分析乡村

情境导入

　　小高同学和小潘同学在调研分析地理位置与区域规划并走访设计场地后，思考还需要调研什么要素，为此他们请教了张老师。张老师说："要想设计好一个乡村，要综合调研分析乡村的各个方面，每个乡村不同，可以从用户需求、历史人文、特色产业和建筑以及业主的人生经历等方面调研，为设计提供依据和灵感。"小高同学和小潘同学对此很感兴趣，便开始了学习。

 任务目标

> **知识目标：**
> 1. 了解用户群体分类及需求。
> 2. 熟悉乡村历史人文、产业特色、建筑特色及历史文化、业主人生经历的调研方法。
> 3. 掌握功能需求气泡图的制作流程。
>
> **技能目标：**
> 1. 了解分类汇总用户需求的技巧。
> 2. 熟悉乡村历史人文、产业特色、建筑特色及历史文化、业主人生经历调研中提取元素、设计形式和色彩的技巧。
> 3. 掌握功能需求气泡图的制作技巧。
>
> **思政目标：**
> 1. 了解设计师在进行调研过程中需要的职业道德和优良素养。
> 2. 熟悉调研和分析过程并学习细致的工匠精神。
> 3. 掌握元素、形式和色彩的提取和设计方法，厚植爱家乡和爱国主义情怀。

 建议学时

3～4学时

 相关知识

一、调研分析用户群体分类及基本需求

乡村空间装饰设计时在调研分析阶段除了分析空间状况，还需要考虑空间的用户需求。用户群体一般分为业主、周边用户、区域管理者、游客四个群体，以下是四个群体的具体情况和使用频率等。

（一）了解用户群体分类及需求

1. 业主

乡村空间设计首先应考虑业主的需求。在该空间中，业主的空间使用时间最长、使

用频率最高。业主主要有生活、生产、接待和管理的需求。在生活方面，业主具有住宿、餐饮、清洗、休息、娱乐、仓储、交流等需求；在生产方面，用户具有制作土特产、制作手工艺品、仓储等功能；在接待方面，业主面对游客具有烹饪、泡茶、表演、展销等需求；在管理方面，业主有管理设施放置和公告公示设施放置等需求。

2. 周边用户

对于乡村空间设计、改造和运营，周边村民、住户都是重要群体，有产业联动推销、沟通交流、餐饮聚会等功能。除私密性较强的乡村空间外，这些人将为空间增添一定人气，也为自媒体运营推广等带来一定便利。

3. 区域管理者

对于区域管理者，需要对空间中的管理设施放置、消防器材设施放置、公告公示设施放置等。

4. 游客

在地理位置分析中已经对游客人群来源、停留时长和频率等进行了简单分析，根据该分析结果在此处继续进行后续研究。游客主要有住宿、餐饮、观赏、娱乐、购物、研学等需求。

根据以上部分对用户群体分类及基本需求进行逻辑图绘制，如图 2-29 所示。

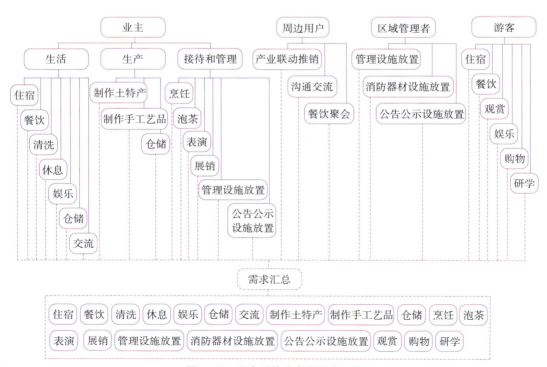

图 2-29　用户群体分类及需求分析

（二）分类汇总用户需求

不同群体用户有各自需求，根据需求进行分类填表汇总，如表2-3所示。表中为示例统计，根据业主、周边用户、区域管理者和游客进行各类需求及各区域的分析，在最右侧列中罗列各区域功能汇总。

表2-3　各区域分类汇总用户需求统计示例表

需求	业主	周边用户	区域管理者	游客	总体需求功能统计
住宿	住宿区			住宿区	各区域（清洗、管理设施、消防器材） 住宿区（住宿） 餐饮区（餐饮） 休闲区（休息、沟通交流、聚会） 娱乐区（表演、娱乐） 仓储区（仓储） 生产区（生产） 展销区（展销、产业联动、购物） 接待区（公告公示） 观景区（观景）
餐饮	餐饮区	餐饮区		餐饮区	
清洗	各区域				
休息	休闲区	休闲区		休闲区	
娱乐	娱乐区	娱乐区		娱乐区	
仓储	仓储区				
生产	生产区				
表演	娱乐区				
展销、产业联动、购物	展销区			展销区	
沟通交流、聚会	休闲区			休闲区	
管理设施	各区域		接待区		
消防器材	各区域		各区域		
公告公示	接待区		接待区		
观景	观景区			观景区	
其他需求					

二、调研分析乡村历史人文

（一）调研与分析

乡村文化主要从历史文化、文物遗迹、空间故事、用户特征等方面进行调研与分析。

1. 历史文化

乡村的历史文化，包括乡村的名称由来、乡村的格局演变等方面，可以从村志、相关图书、档案资料、数字影像等方面进行全方位了解。

历史文化中具有以下一些特性，需要在了解和分析的过程中重点提炼。

（1）乡村历史文化的精神性。乡村历史人文通常是通过精神形式存在，其精神性是重要的历史文化资源。通过挖掘历史人文中的精神性，能够掌握不同时期不同环境下乡村的历史文明，而这些历史文明是由乡村人民共同凝结形成的人文产物。因而从精神性方面提炼有助于找到历史文化的核心内涵和价值。

（2）乡村历史文化的发展与传承性。乡村历史文化在不断发展与传承中积累形成。乡村文化结合了多代人的智慧，在使用文化资源过程中，不断演变和更替，并且形成相应规律。通过研究和分析乡村文化发展的规律可以为空间设计提供方向，为乡村文旅发展提供思路。

2. 文物遗迹

乡村中展示的文物或遗迹中提取乡村文化符号较为容易，但需要注意文物遗迹的符号只是乡村的部分特征，不能完全代表乡村整体文化，所以在选用的时候需要考虑全局。文物遗迹中的符号提取需要先了解文物遗迹的相关故事，然后根据乡村改造的整体风格提取繁简程度合适的文物遗迹文化符号。

3. 空间故事

很多乡村空间在改造前具有特殊的空间故事，这些故事往往也变成了很多村民的"乡愁"。随着乡村的改建，长久外出工作的村民回到老家后，更希望看到熟悉的场景。在改造乡村时不一定能保留全部的元素，但是可以从空间故事中提取出一些文化符号，在保留印记的基础上，让乡村拥有更合适的居住和生产环境。

4. 用户特征

不同的用户会有不同的习惯和感受，因此在乡村文化符号提取的时候要着重考虑用户特征。从文化元素符号上，空间体验者需能直观辨识出视觉特征。

（二）提取元素、形式和色彩

1. 元素

乡村历史人文元素的提取需要具有三个特征，即代表性、识别性和复制性。

（1）代表性。元素形式多样，在元素提取过程中，应充分考虑元素的代表性，避免使用过多的装饰元素导致主题不明确。具有代表性的元素，在空间装饰时使用，可以为游客带来视觉印象和人文历史氛围感受。

（2）识别性，能够通过简单的图形进行表达，具有较高的辨识度，特征显著且美观。

（3）复制性。同一个乡村空间尽量使用同一系列的元素，同系列的元素易于营造整体环境氛围，能够使整体空间主题明确、装饰效果美观。

乡村文化符号提取一般分为三个步骤：第一步是找到文化元素的原始图样，可通过摄影、手绘等形式进行记录。第二步是修整文化元素符号，手绘图案可以通过修整关键线条和点位还原符号形状，摄影图片可使用 Adobe Photoshop 等软件进行修整。第三步是将文化元素符号进行矢量描绘。可使用 Adobe Illustrator 等矢量软件对手绘图案或者矢量图案进行描绘。

2.形式

乡村人文形式提取需要建立在大量研究基础上，对形式的合理表达可以增强空间的文化性。形式提取可从乡村现有物质材料中开展。例如传统衣饰的纹样，可以通过提取其样式应用在空间的界面、装饰线和家具中。线条的粗细、交错形式、层次感均可提取应用。提取的形式不应过于复杂，简约的形式能更好地与装饰元素相结合，营造特色装饰氛围感更强的空间。

3.色彩

人文色彩需要依靠基本物件进行提取，包括记载人文历史的文化藏品、衣着包式、书画图案等具有一定色彩的物件。提取过程中需要注意色彩的还原程度。使用相机拍摄的色彩可能因光线等造成色彩偏差，建议在调研时携带色卡，通过同一光源的色彩与色卡对比确定最后的色彩型号。

色彩提取过程中可提取三方面色彩，即主体色、辅助色和点缀色。主体色后期用于空间装饰的主要部分或使用面积较大的地方，在提取过程中应考虑从物件中提取的主体色的美观性、情感性和代表性，一般建议使用一种至三种色相明确的主体色调，不建议将过渡色彩作为主体色，会形成色彩花哨或混乱的视觉效果。辅助色可提取物件中

知识点讲解

色彩搭配与调整

与主体色搭配的色彩，提取辅助色时，建议对照色彩搭配表，对色彩搭配的情感根据设计总体需求进行合理选择，应尽量避免主观随意的色彩选择。点缀色在后期设计中通常使用面积占比较小，但需根据主体色和辅助色进行合理选择，以形成更佳的视觉效果。

三、调研分析乡村特色产业

（一）调研与分析

部分乡村特色产业带动了旅游业，是乡村空间装饰中重要的装饰要素。乡村特色产业主要包括农、林、牧、渔等方面及产品二次加工的制造业等。这些产业不仅为当地村民提供了生产加工收入，也为相关的文旅经济开发提供了基础。各个乡村都具有特色产业，充分调研后合理利用产业特色，能够突出优势，塑造独具一格的装饰特色，助推"产业文旅"。

（二）提取元素、形式和色彩

1.元素

元素的提取一般选择特色产业产品或生产工具等的主体形态。元素提取的形式应尽量简洁，做到识别度高易于复制。元素提取过程中可根据整体乡村风格适当调整元素的造型。

2. 形式

提取过程应根据调研资料进行特征总结，以核心形式作为空间装饰的形式应用。形式的提取可根据原材料形式、产业生产线形式和产品形式等多方面进行。可以依据调研产业的照片进行形式提取。例如以捕鱼业为主的乡村可以使用渔网的装饰形式应用在装饰空间中。

3. 色彩

色彩的提取可以从特色产品、生产环境、生产工具等方面进行选择。

以选择特色产品提取色彩为例。生产绿茶的村庄，可以将"茶叶"作为色彩提取元素，通过分析茶叶的不同阶段颜色进行颜色提取。茶叶在采摘之初的色彩、炒制及其他加工过后的色彩、泡茶的茶汤色彩、茶渣的色彩等都是茶叶不同阶段的色彩。这些颜色提取过后可以作为空间装饰颜色，并结合因地制宜的材料，能够让游客更深入地融入茶叶特色环境中。

四、调研分析乡村建筑特色、历史、文化

（一）调研与分析

在乡村建筑特色、历史、文化调研过程中，可对以下四类常见建筑进行细致研究和分析。

1. 民居建筑

民居建筑是乡村中建筑数量最大、用户人数较多、维护较好的建筑类型之一。特色民居建筑有助于进行民宿开发，通过特色装饰，能形成更好的视觉体验。

民居建筑根据不同的乡村地理位置、气候特征和生活习惯等，建筑形式各不相同。具有特色的民居建筑包括四合院、吊脚楼、鼓楼、竹楼、土楼、窑洞、石屋、蒙古包等。在调研和分析过程中，应研究建筑的建筑结构、空间组成、空间装饰等方面，记录特有的装饰形状、装饰色彩和装饰材料。也可对同类建筑的个性化表现深入研究，例如同区域的多个土楼之间的个性化差别之处。这些个性化区别可在装饰设计中巧妙应用。

2. 纪念建筑

在部分乡村中建有一些纪念建筑，用来纪念祖先或历史名人。这类建筑在设计和施工过程中，会形成大量特色装饰纹样，可供参考和研究。例如在建筑的柱和檐上绘制或雕刻有大量人物、植物或纪念性图案等。这些历史图案对于空间装饰和文旅产品开发具有一定借鉴意义。

3. 牌楼

在传统乡村入口处或重要空间一般会建有牌楼。牌楼主要有作为大门成为建筑围

合形式、作为建筑群首的空间标志物、作为特色纪念物等多种作用。牌楼主要由石材、木材或琉璃等其他材料配合油漆等装饰建成。牌楼的顶部可做成硬山、悬山、歇山和庑殿等形式，配合具有特殊装饰的斗拱等形成较强的立体装饰。牌楼的柱子独特的色彩组合和雕刻样式具有一定的文化含义，可分别记录后研究。

4. 照壁

照壁一般位于大门处，表现为具有屏障作用的矮墙，其具有仪式感和装饰性，是古建筑重要的装饰部分。照壁可使用砖、石、琉璃等进行构建和装饰。在照壁图案设计过程中，会采用不同纹样和色彩进行装饰，可对这些纹样和色彩进行研究，供后期使用。

（二）提取并应用元素、形式和色彩

1. 元素

建筑物装饰元素主要来自屋顶、屋檐、柱、墙等部分，这些部分中装饰用的花鸟虫鱼图案、文字标识等都可用于乡村空间装饰中。在提取过程中，应完整绘制并修缮图案，形成独特的装饰元素。例如在传统建筑中进行装饰的特殊花卉图案，可在新空间设计时，用在空间各个装饰界面及雕刻于家具、印制于毯垫等。值得注意的是，在元素应用的过程中，需要注意数量、方向、大小和搭配等。在建筑元素提取过程中，可使用矢量软件，如使用 Adobe Illustrator 等软件绘制，便于后期装饰图案应用和装饰品定制应用。

2. 形式

建筑形式提取除建筑构造形式外，还有相应的装饰形式。装饰形式指装饰的层次顺序、线条曲折、形状方圆、凹凸装饰等。这些装饰形式需要通过走访多个建筑物进行调研，确认其形式是具有系列性还是具有唯一性。具有系列性的装饰形式，需要研究清楚各类情况下使用的具体形式，避免出现形式应用错误的情况。具有唯一性的形式，需要重点研究形式的特征和文化内涵，在掌握其特征的情况下设计和应用具有积极向上的文化含义的形式将会非常有特色。

3. 色彩

建筑色彩包括建筑外立面、顶棚、建筑构架、墙体装饰、地面色彩等。场地中的色彩印记都有独特的历史文化和故事，也代表当地的风格等。例如青瓦白墙的徽派风格，基本在江南水乡地带，而不同地区的墙体和屋顶形式也有所细微不同，因此在色彩提取的时候需要注意具体的颜色和色彩搭配，一般需要提取一种至三种主体色和若干辅助色及点缀色。

在户外乡村空间改造时，主要考虑建筑外立面和顶棚色彩。如改造预算费用充足，可以将建筑外立面和顶棚色彩风格与装饰空间色彩风格进行统一。在经费不足的情况下，可以将外立面色彩和顶棚色彩作为空间装饰的色彩组合元素。

进行室内装饰空间改造时，需要对原有的建筑构架和墙体及地面色彩进行提取，尽可能保留空间场地原有的色彩，在进行"全新"装饰时，保留"老旧"的味道。

五、调研分析业主人生经历

（一）调研与分析

每一位业主都具有不同的人生经历，也具有自己独特的故事，通过分析这些经历和故事，使用装饰元素进行相应的展现是一种独特的设计形式，也将成为一种具有情感的设计。

常见的业主经历主要包含以下八个方面，在进行调研过程中可适当进行引导和提问，了解业主的人生经历。

1. 幸福的爱情故事

爱情故事一般由幸福的场景进行展现。在爱情故事过程中，业主所处的环境、使用的生产生活工具和爱情追求的道具等都会成为故事中重要的元素，这些元素可成为空间装饰的重要组成部分。例如 20 世纪 70 年代，使用自行车、缝纫机和手表作为结婚三大件；在 20 世纪 80 年代，电冰箱、电视机和洗衣机成为结婚必备的物品；在 20 世纪 90 年代，电脑、空调和摩托车成为必不可少的物件。[1] 这些物品在装饰设计过程中都可以进行陈列。在爱情故事中，红色的装饰都是基本的主调，但是在乡村空间中采用合理面积的红色和精致的造型将还原喜庆的氛围。

2. 艰辛的拼搏经历

成功的业主背后都有一段艰辛的拼搏经历。从拼搏的场景到时间，从伴随拼搏的物品到珍藏的纪念品，都可成为这段经历的展现元素。这些元素的外形可以通过放大用在其他物体上，相关的色彩可以使用在空间装饰中。拼搏过程中的照片可以通过照片墙的形式进行展现，拼搏的故事可以通过关键词、字云的形式进行装饰。在空间装饰中通过色彩、形式和照片等再现拼搏场景将形成生动的素质教育课堂。

3. 故人的思念

从曾经亲人喜欢的色彩和样式等方面，让业主深切感受对于已故亲人的思念。此外还可使用已故亲人生活环境的色彩或衣着色彩等结合以往的设计元素和特色让业主更好地回味当年的生活场景。通过空间情节拓展还可更深刻展现以往的故事，打造追忆的空间。

4. 难忘的职业生涯

每一个职业都有难忘的生涯，每一个职业都有其特殊的含义。可将职业生涯中重要

---

① 各年代的结婚三大件 [EB/OL]. （2013-01-09）[2022-02-04]. https://jingyan.baidu.com/article/22fe7ced6146463002617f1d.html.

47

的场景进行还原，将职业场景作为装饰形式，利用工作环境的色彩及相关职业的工具作为元素进行空间装饰，配以好友或者同事的纪念品等可以更好地展现职业生涯。

5. 辉煌的荣誉

部分业主在人生中拥有辉煌的荣誉。可以引导业主讲述获得荣誉的年代、起源、经历等。每一份荣誉背后都蕴含着一段为社会、为祖国作出的特殊贡献。将荣誉的奖牌或者勋章配合相应的形式、色彩在空间中表现，不仅是业主的展示空间，更是具有教育意义的特殊教室，能够通过荣誉的故事鼓励更多人参与到社会建设和价值奉献中去。

6. 成长的经历

每一个人都有成长经历，将成长经历过程中参与的游戏、体验等融合到空间中，可以唤起很多人的共鸣。这些游戏和体验的场景、工具作为元素出现在空间中，不仅起到装饰作用，还可起到一定的娱乐作用。部分成长过程中经历的片段可以装饰元素的形式出现在空间中。让空间的用户通过这些元素、色彩和装饰形式去了解业主的成长经历，会更具亲切感。

7. 乡村的怀旧时光

随着乡村的不断发展，很多旧时的生活场景已经有所改变，但当初的乡村怀旧时光值得回忆。通过询问业主乡村的怀旧时光，可以通过各类装饰元素再现当年乡村的历史风貌，让业主在空间中体验回忆。

8. 其他特殊经历

对于其他特殊经历，需要将经历的情景再现，从情景中提取出相关元素和色彩作为装饰主题基调。

（二）提取元素、形式与色彩

1. 元素

一般根据业主人生经历中记忆最深的物件提取元素。当有多个物件时，可选用各方面的重点元素进行组合表达。元素的组合需要考虑统一性、特色性和识别性。元素的统一性指元素的性质、大致的形状、表达的情感等，提取时就需要考虑后期装饰应用的效果。元素的特色性指相关物件与常规物件应具有不同之处，避免形成特色模糊、无趣的装饰氛围。元素的识别性指视觉元素对于不同年龄段、不同教育水平、不同生活经历的人均能较好地识别，这样的元素可进行应用。

2. 形式

装饰形式应根据装饰空间性质有所不同。作为商业空间，装饰的形式可根据特色充分设计，但对于业主私人空间或半营业空间，需要考虑装饰形式的应用程度，应避免造成业主使用空间过程中的厌恶感，过于夸张或应用数量过多可能会造成视觉不适。

从调研中提取装饰形式过程中，因调研内容复杂，建议提取过程围绕重点场景或重要物件进行，主要装饰形式应能围绕业主的故事主线和特征。例如业主退休前做纺织工，可以在装饰形式的过程中考虑应用纺线的交错性，通过简单的形式纪念他的工作岁月。

3. 色彩

业主是空间装饰故事的主人翁，对于故事的体验最为真切，因此需要充分尊重业主对于色彩的看法。在向业主调研询问过程中，设计师可使用色卡或色彩搭配本与业主交流色彩意向，可让业主选择较为满意的多个色彩搭配方案，然后由设计师根据分析从中选择。色彩搭配方案中，各色的应用比例和方法可根据业主故事氛围、情节进行调整。

 实训步骤

制作功能需求气泡图：根据用户需求及各区域需求表统计，可统计总结出各类用户在各区域的分布情况及需求情况，通过制作功能需求气泡图，可更直观地展现各个区域用户需求情况，如图 2-30 所示。

知识点讲解

制作功能需求气泡图

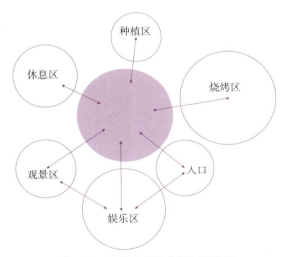

图 2-30　分区功能需求气泡示意图

制作该气泡图需要四个步骤，具体如下。

步骤 1： 绘制缩略平面空间格局图，如图 2-31 所示。

步骤 2： 在平面格局图上进行基本功能划分，如图 2-32 所示。

步骤 3： 对功能分区填充不同色彩透明色并写上区域名称，如图 2-33 所示。

步骤 4： 在不同分区内进行功能注释，如图 2-34 所示。

图 2-31　平面格局示意图

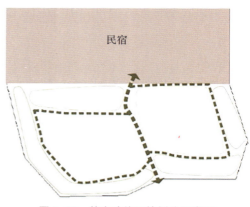

图 2-32　基本功能区块划分示意图

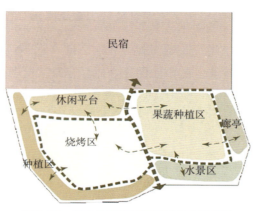

图 2-33　填充色彩及书写区域名称示意图

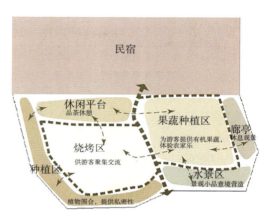

图 2-34　功能注释示意图

 技能训练表

完成以上步骤后，制作功能需求气泡图完成，技能训练表见表 B-5。

 经验分享

1. 气泡图制作应考虑整体项目设计风格和页面排版风格，避免后期因风格差异调整。

2. 用户不同时间可能会有不同需求，在进行统计和分析过程中应尽量完善。

即测即练

模块 3
确立总体设计

小高同学和小潘同学在模块2的基础上，形成了项目各个方面的综合调研结果。在张老师的引导下，他们开始进行项目的总体设计。总体设计用以明确设计的主要方向，包含较为明确的设计理念和创新点，并形成独特的空间品牌以及选择后期项目的总体材料范围。

📖 模块提要

本模块主要学习确立总体设计的方法和技巧，包含确立设计理念、调研相关资料提出创新点两个部分。各部分之间紧密衔接，在了解设计理念的基本含义及调研需求的基础上确立设计总体方向并提炼设计理念，再通过调研相关案例提出创新点，最后完成确立总体设计的任务。

💻 模块思维导图

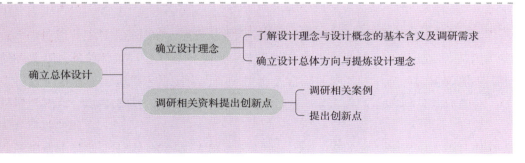

📑 建议学时

2 ~ 4 学时

任务 3-1　确立设计理念

 情境导入

　　小高同学和小潘同学在进行项目初步设计前，发现没有设计思路，不知从何入手。经过张老师的指点，他们了解到在设计之前首先需要确立设计理念，那么如何确立设计理念呢？为了更好地进行认知，他们研究学习了如何确立设计总体方向。小高同学和小潘同学着重研究学习了解设计理念的基本含义及调研需求、确立设计总体方向与提炼设计理念两个步骤。

 任务目标

知识目标：

1. 了解设计理念与设计概念的区别。

2. 熟悉功能需求、形式需求和氛围需求的分类及统计的基本方法。

3. 掌握提炼设计理念的基本方法。

技能目标：

1. 掌握确立设计总体方向的步骤与技巧。

2. 掌握提炼设计理念的步骤与技巧。

3. 掌握提炼汇总关键词的技巧。

思政目标：

1. 掌握树立全局观念意识的方法。

2. 掌握关心他人关爱社会的方法。

3. 掌握职业道德和操守，优秀完成学习和设计任务。

 建议学时

　　1~2学时

 相关知识

一、了解设计理念与设计概念的基本含义及调研需求

（一）了解设计理念与设计概念的基本含义

在设计过程中应了解设计理念与设计概念的区别。很多初学者在撰写设计理念过程中会把设计理念与设计概念混淆。设计理念指在设计过程中提出的总体性思想，从设计初期到中期设计至后期的深化设计都会贯穿。在设计各个阶段都需要根据设计理念开展工作。例如，绿茶售卖店的设计理念是清新、自然与自由，即通过使用清新的色彩、天然的装饰材料和自由的空间组合形式来设计整体的装饰。又例如设计农特产品生产馆，采用研究学习、制作和售卖一体化的设计理念，通过空间功能的相互融合，促进商业售卖、提升空间价值。

设计概念指通过基本调研及基本设想形成的理想型的大体设计，是进行具体设计前的模糊性思路。例如，丝绸展示空间中的家具采用丝带形状作为设计概念，让顾客进入空间后就可体会浓郁的丝绸特色。

（二）调研各类需求

党的二十大报告中提出：统筹乡村基础设施和公共服务布局，建设宜居宜业和美乡村。立志于建设乡村，首先应在充分调研的基础上形成设计理念。在调研阶段根据场地调研分析、用户需求分析和产业、历史文化分析后的元素形式与色彩提取三个方面的研究结论，可以为空间装饰设计指明方向并形成设计理念。

设计理念的提出应该是具有逻辑的，而不是根据设计师的想法随意制定。设计理念主要从功能、形式和氛围三个方面表达，在调研成果分析汇总阶段，可从这三个方面分别汇总内容，如表 3-1 所示。特别注意，非营业性私人场地的改建过程中，以统计业主需求为主，其他用户可不考虑。

表 3-1　功能形式氛围需求统计表

调研内容		功能需求	形式需求	氛围需求
场地调研分析	外部空间			
	内部空间			
用户需求分析	业主			
	周边村民、周边住户、周边业主			
	区域管理者			
	游客			
产业、历史文化分析后的元素形式色彩提取				
需求总结				

根据以上功能需求、形式需求和氛围需求三个方面的设计理念汇总，可以得出各类需求。

二、确立设计总体方向与提炼设计理念

（一）确立设计总体方向

设计的总体方向一般在功能、形式和情感设计上确立。根据以上需求调研结果梳理后，确立总体的设计方向和设计理念。

1.确立功能设计总体方向

根据功能需求汇总及功能需求气泡图，结合未来空间的物业形态，确立设计的总体方向。但在功能需求统计时会遇到一些问题，合理解决这些问题后才能继续开展形式设计。

在进行功能梳理时，主要会遇到以下三个问题。

（1）功能需求种类较多、场地较小。因功能需求的调研来自多方面，对于各类需求需要进行整合和取舍，才能满足部分中小型场地的设计需求。解决这类问题，可通过一地多用、功能错时使用等方法实现。例如，购置形式合理的桌椅，在三餐时间用作饮食、在上午下午用作研学教学、在晚上用作桌游等娱乐，可实现空间多用。对于部分功能无法在空间中合并，可进行综合分析，通过功能简化或功能去除的方式进行。

（2）产业开发转型，功能需求冲突。乡村空间在开发的过程中，部分空间会进行开发转型，部分功能需求会有冲突。

对于室内空间场地，以农居房为例，房屋原始有书房、储物间、棋牌室、影音室等空间，建筑改变为民宿或农家乐后，这些房间的功能需要随之改变，以住宿或餐饮为主。原有的这些功能需要与其他空间相互结合。

对于景观空间场地，以私家庭院为例，原始场地作为业主居住的附属空间，主要有晾晒衣物、休闲观赏、器具存放、种菜养花、储水储物等需求。随着建筑空间改为民宿或农家乐等，庭院中需要以游客的需求作为主体，增加游客的娱乐、观赏和休闲功能。此时，业主原来的部分功能需要改变。衣物不适合直接晾晒在庭院中，可新增烘干机和改变晾晒位置等方法解决。

设计师需要在调研后，与业主二次沟通前想好功能布局的调整方案，提出多项方案，让业主进行挑选。二次沟通过程中，设计师可阐明各类方案的优势、劣势，通过运营模式和商业价值分析等与业主共同制订功能调整的方案。对于部分特殊游客，如老人和孩子，可将特殊需求空间与产业空间合理融合。

（3）乡村场地闲置或其他情况。部分场地为常年闲置，业主或周边用户没有过多功能设想的情况下，设计师在调研过程中需要对区位分析、未来规划设计及周边场地状

况进行合理的功能分析。随后将合理的功能布局与业主进行讨论。需要注意的是，在改建空地或荒地的过程中需要考虑土地的使用性质，设计的功能需求需要符合法律法规要求。

2. 确立空间装饰形式总体方向

空间装饰形式在乡村空间装饰中起到主导作用，确立整体装饰形式有助于创造整体性效果。根据表 3-1 功能形式氛围需求统计表中的调研结果，对空间装饰进行分类整理，主要分为主题形式、风格形式、形状形式、色彩形式等。

主题形式通常指整体空间围绕一个主题样式进行装饰，如以"秋收"为主题进行装饰，整体色调以秋天色调为主，配以劳作器材和收获的果实等，组合搭配形成丰收的美好装饰氛围。这类主题通常来源于乡村文化或乡村节庆活动等，能够进行就地取材和特色表达。这类形式创新的过程中需要深入研究乡村文化，提炼出特有乡村内涵，将内涵故事或文化特色作为主题进行装饰设计。此外，根据文旅产业或品牌特色开发的主题，可将特色和特征融入乡村空间的装饰过程。

风格形式指整体空间围绕一个或多个风格进行搭配组合形成装饰效果。例如渔村的庭院空间使用海岸风格进行装饰，合理搭配海水、海产、沙滩等元素和色彩，强化海岸的自然美好和悠闲风情，形成满足于业主和游客的风格空间。风格形式的创新需要根据空间用途结合周围环境进行。乡村空间的风格设计应考虑游客前来游玩的驱动力，从风格形式上形成更好的亮点，助力宣传和推广。

形状形式指整体空间围绕一个形状进行空间装饰。例如使用圆形作为主要形状进行装饰，空间的造型、户内外家具及装饰品均选用圆形形式。这种装饰方法能够通过形状的相似快速形成整体的装饰氛围。这类形式创新主要通过特有文化元素的分析和形状创新提取，将形状反复使用在空间装饰中形成最后的整体效果。形状形式的确立有助于在设计后期对于植物造景、配套设施、家具等的选购。

色彩形式指在空间装饰中使用协调色调，利用单一色、同类色、互补色、对比色等搭配和装饰。例如为了营造喜庆氛围，使用艳红色进行空间装饰搭配。色彩形式创新可以使用从乡村文化、历史遗迹、特色产物等提取色彩并合理应用在空间装饰中。

通过梳理场地、用户、文化和产业等需求，确立主题、风格、形状和色彩形式，明确空间装饰中形式设计的总体方向。

3. 确立氛围设计总体方向

氛围设计是乡村空间装饰设计中的重要环节。常见的乡村元素包括物、人、景、事四个方面，如思乡的"乡愁"、对亲人的"念想"、对自然的"追求"、对轻松的"向往"等。这些氛围是游客前往乡村旅游的重要驱动力之一，在设计上应更好地体现氛围，进一步提升元素赋予的价值。

氛围需求的设计建立在形式设计基础之上，在主题、风格、形状和色彩基础上进行氛围设计并在这些方面实际表现。以"乡愁"为氛围设计方向的渔村为例，通过怀旧年代的渔村海岸主题，结合朴实的渔村风格，配以当年特有的合影、风景照、劳作器具、老旧物件等装饰物，形成以浅黄色为主要色彩基调、辅以淡彩色的色彩形式塑造空间的"乡愁"氛围。乡愁的氛围设计需要对当地的历史文化有充分了解，可查阅村史村志、收集老旧照片、聆听老人故事等。"乡愁"是大多数乡村空间设计的氛围需求，各个乡村在调研时需要将此作为基础部分研究，深入挖掘乡村历史文化特征。

综合"物""人""景""事"四个方面的氛围设计需求后，确立氛围设计总体方向。

（二）提炼设计理念

1. 汇总三类设计方向，提炼关键词

通过汇总功能、形式和氛围三个方面的设计总体方向，提炼关键词。

提炼关键词时可使用以下技巧。

（1）提炼核心需求和形式。在功能、形式和氛围三个方面的设计总体方向中，需要找到核心的需求和形式。核心需求和形式从主要空间、主要人群和主要产业上提炼。以民宿空间为例，需要找到住宿的客房的主要功能、形式和氛围，主要游客对象的住宿需求和民宿产业的配套服务等。

（2）提炼特殊价值需求和形式。在提炼核心需求和形式的基础上继续提取特殊价值需求和形式。同样以民宿空间为例，像特色的海边风景观景需求、渔村主题文化和地方特色风格装饰等。

（3）提炼主要氛围需求。氛围需求也是文旅产业中打动游客的重要一环，通过提炼一两个关键词，形成设计理念和宣传口号。同样以民宿为例，作为海边的渔村住宿空间，可以提取"海与童年"为主线的关键词，一方面展现业主对于童年乡愁的回忆，另一方面通过童年吸引带孩子旅游的家长。氛围需求的提炼中也可加入设计师对于未来环境的美好念想或祝愿。

2. 汇总关键词，形成主要设计理念

根据以上步骤，汇总关键词并梳理简化语句后，可形成最终设计理念。例如海边民宿室内空间的改造理念可以为"蓝海童年、乐居为伴、海天适宜、休闲共享"等。

实训步骤

根据表 3-1 的内容，结合自选场地情况，确立设计总体方向，提炼设计理念。

步骤 1：调研各类需求。从场地调研分析、用户需求分析和产业、历史文化分析后的元素形式与色彩提取三个方面入手，调研功能需求、形式需求和氛围需求并汇总。

步骤 2：确立设计总体方向。根据功能需求分析，确立功能设计总体方向；根据梳理场地、用户和文产需求，确立主题、风格、形状和色彩形式，明确空间装饰中形式设计的总体方向；根据氛围需求分析，确立氛围设计总体方向。

步骤 3：提炼设计理念。根据以上步骤，汇总关键词并梳理简化语句后，形成最终设计理念。

 技能训练表

完成以上步骤后，功能形式氛围需求统计完成，技能训练表见表 B-6。

 经验分享

1. 在调研的时候，需要与业主进行充分沟通，更好了解需求细节，再针对性解决问题，满足物质和心理层面的需求。

2. 调研分析时借助表格的形式，有助于快速把握设计总体方向，精准提炼设计理念。

任务 3-2　调研相关资料提出创新点

 情境导入

　　小潘同学调研分析场地后，找到了设计总体方向，但是不知如何让设计方案新颖且吸引人眼球。经过张老师的指点，他了解到需要找到创新亮点，小潘同学就在思考如何提出创新点。为了更好地认知，他通过查阅大量资料来开阔视野。他从调研相关案例、提出创新点这两个步骤进行了研究学习。

 任务目标

　　知识目标：
　　1. 了解设计案例调研的渠道。
　　2. 熟悉各调研渠道的调研方法。
　　3. 掌握提出创新点的基本方法。
　　技能目标：
　　1. 掌握设计调研的技巧与统计方法。

2.掌握根据设计理念提出的创新形式。

3.掌握各创新形式的创新技巧。

思政目标：

1.掌握开拓创新的方法。

2.养成锲而不舍、努力拼搏的学习态度。

3.养成良好的职业素养完成项目任务。

 建议学时

1～2 学时

 相关知识

一、调研相关案例

确立设计理念后需要调研已有方案与资料，从而提出方案设计的创新点。

提出创新点不只根据设计师的以往经验，更应开展大量的设计调研工作。这些调研工作既是创新性的判定，也是可供参考的设计案例。根据设计理念中的具体目标与总体设计要求，可以在各个渠道中进行相似场地或相似方案的设计调研。因调研渠道较多，为避免重复调研，可在调研过程中使用表格统计，如表 3-2 所示。部分精彩喜欢的设计也可在调研过程中保存，为后期其他项目的设计奠定基础。

表 3-2　案例调研统计表

名称	设计师	设计公司	设计时间	方案地点	搜索来源及地址	备注

常见的调研渠道有以下八个方面。

（一）设计网站与视频网站

设计网站调研方法主要有两个：①根据搜索引擎寻找各类不同网站，利用搜索引擎对设计理念的关键词搜索，根据搜索结果打开各网站查看相关的设计。②在固定网站内搜寻相关资料。在视频网站中，可通过关键词搜索找到相关设计的视频资料。

（二）微信公众号

在微信中可通过搜索栏搜索相关设计资料。部分公众号会发布相关设计资料，通过搜索可找到这些页面。建议将这些公众号进行收藏，以便后续设计时使用。在部分公众号中还可找到系列设计素材，可将这些素材进行保存，供后续步骤中使用。

（三）竞赛作品、设计作品集

部分竞赛网站或设计作品集网站会公布优秀设计作品，可参考相关设计进行借鉴。借鉴过程中应考虑作者设计当年发生的时事，更充分了解作品的实用性、时效性与优秀之处。这些竞赛排版和设计作品集排版可进行收藏或保存，为后期排版提供借鉴案例。

（四）社群、自媒体

在社群和自媒体中可以找到相关的设计讲解或者设计视频等素材，可进行借鉴。

（五）电子书、电子杂志

在许多电子书或电子杂志网站或者 App 中能找到设计类的案例和设计方法等，值得注意的是部分电子书的内容为图片形式，通过文字等方式不一定能进行完整搜索。

（六）纸质书籍、杂志

实体的纸质书籍可在相关的书店、图书馆进行查阅。设计杂志相较于书籍更新周期更快，且可能具有主题性，可通过相应主题对设计杂志进行检索。

（七）文献网站

在学术性搜索引擎中可以进行设计研究。部分学者已经对设计进行了分析，可以通过学术论著进行设计研究。

（八）其他渠道

除了上述渠道外，还可通过设计公司资料集、个人或公司素材库等渠道获取相关设计资料。特别注意，无论通过何种途径进行资料收集，都需要通过正规的合法途径。

通过以上调研步骤，可以从多种渠道中获得相关设计资料。根据已经做好的功能需求气泡图，将各资料图像按功能区块进行分类。可使用文件夹进行整理汇总。

二、提出创新点

在完成以上资料检索任务后，可根据设计理念提出创新点，一般有以下五种创新形式。

（一）功能组合创新

通过对空间布局进行调整，将功能区块合并或相邻，可以形成全新的功能组合。但在功能组合过程中应充分进行合理性调研，除业主主观意愿外，设计师需要进行合理分析及功能模拟试验。避免一味追求"新"而导致空间体验感差、实际空间功能使用不充分等问题。功能组合创新的同时需要考虑相关家具的设计及空间区分等问题。

（二）形式设计创新

空间装饰形式的创新应建立在产业需求或文化历史内涵基础之上，且装饰形式应与周围环境相互协调，避免将设计的空间作为独立的个体，设计新颖的特殊形式。即便形式美观，缺乏与环境的协调性，也会导致整体空间氛围的格格不入。在装饰结构上创新，还应具体了解施工材料与技术，如果相应技术无法实现结构组合，那么创新的形式设计就没有意义。

（三）材料应用创新

除了就地取材和使用环保材料外，材料应用的位置、应用的形式和数量都可以形成创新。在应用过程中应考虑材料的耐用性和实用性等问题，尤其是乡村户外空间中，应考虑材料的维护性和防水防晒，尽量避免使用易于腐烂的材料。

（四）用户体验创新

在空间创新中，可使用数字技术等方式进行用户体验创新，如在空间中结合虚拟导览、AR（增强现实）体验或全景体验等，为用户带来全新的体验。用户体验创新的开发需要经过成熟技术的应用，避免因技术问题产生不好的用户体验感。

（五）运营方式创新

运营方式的创新可以是业态的跨界、融合，又或者是全新的运营模式。文旅产业的多元化不断促进多类型业态的跨界经营和融合经营。此外，通过自助模式的经营、线上线下互动的经营等都成为全新的运营方式。运营方式的创新过程会带来许多新颖的感受，但也可能造成一些新的空间使用困扰，需要在设计中不断完善。

 实训步骤

调研渔村空间装饰优秀设计案例，自主制表汇总后提出创新点。

步骤 1： 调研案例资源。根据提炼出的设计理念，进行不同渠道方案与资料调研。

步骤 2： 整理汇总调研资料。通过调研获得相关设计资料。将各资料图像按功能区块进行分类，使用文件夹进行整理汇总，并参考表 3-2 完成案例调研统计表。

步骤 3： 提出创新点。完成资料检索后，根据设计理念，从五种创新形式中提出创新点。

技能训练表

完成以上步骤后，空间装饰设计调研完成，技能训练表见表 B-7。

经验分享

1. 调研设计案例资源时可以多渠道进行搜索，能够开阔设计视野，达到设计灵感共鸣，有助于挖掘设计创新点。

2. 调研资料汇总时，可以根据功能区块进行各图像资料分类，用文件夹进行整理汇总，并用制表方式进行汇总记录，有助系统分析调研资料，提升挖掘创新点的效率。

即测即练

模块 4
设计乡村室内空间

模块 3 中已经学习了总体设计，形成了设计理念，明确了设计总体方向与提炼设计，提出创新点。模块 4 在此基础上进行乡村室内空间设计，景观空间设计在模块 5 中进行教学。

📖 模块提要

本模块为室内方向的乡村空间设计，通过三个按照工作顺序设计的任务进行，分别从空间布局的划分、设计和细化到地面、顶面与墙面的装饰设计，再通过结合软装设计以及设施设计，综合完成乡村室内空间的基本设计。

📄 模块思维导图

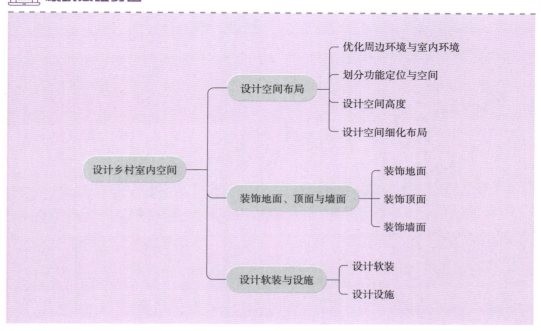

建议学时

6 ~ 9 学时

任务 4-1　设计空间布局

情境导入

　　小高同学与小潘同学为了更好地设计项目，一起前往乡村体验民宿，在居住的过程中发现民宿空间的设计不够整体，布局也需要优化。小高同学就在思考如何在更合理的基础上让民宿空间设计得更好。为了更好地进行设计，他对空间布局设计进行了研究学习，让我们跟着他一起进行。他从优化周边环境与室内环境、划分功能定位与空间、设计空间高度和设计空间细化布局四个步骤进行了研究和设计。

任务目标

　　知识目标：

　　1. 了解优化周边环境及室内环境、划分空间功能定位、设计空间高度、设计空间细化布局的基本过程。

　　2. 熟悉优化周边环境及室内环境、划分空间功能定位、设计空间高度、设计空间细化布局各过程之间的衔接方法。

　　3. 掌握周边环境因素分析要点、功能划分注意要点、空间多层次设计要点、空间细化设计要点。

　　技能目标：

　　1. 了解优化周边环境及室内环境、划分空间功能定位、设计空间高度、设计空间细化布局的设计细节。

　　2. 熟悉优化周边环境及室内环境、划分空间功能定位、设计空间高度、设计空间细化布局的操作技巧及相互关联设计方法。

　　3. 掌握使用 CAD（计算机辅助设计）图样、彩色平面图及效果图展现乡村室内空间设计的方法。

　　思政目标：

　　1. 了解室内设计师职业基本素养及职业道德。

　　2. 熟悉操作过程中的工匠精神及具体展现点。

　　3. 掌握工作过程中的团队精神及协调技巧。

建议学时

2 ～ 3 学时

相关知识

一、优化周边环境与室内环境

在设计乡村室内空间过程中，应充分考虑建筑外部环境，这些环境主要包括光热、声噪、风景等因素。

乡村中的部分建筑较为低矮，周边种植大型乔木，空间长年累月缺乏阳光照射，需要进行更大开敞，使户内自然照明效果更好。部分乡村空间周边有公路或人群聚集的公共场所，在空间使用中会有大量噪声。在设计时，可对噪声来源墙体及玻璃做隔声处理。对于周边具有优美环境的乡村空间，可增大开窗尺寸，使用户更好地观赏风景。但增加开窗尺度后，需要配套设计相关尺寸窗帘，用于阴雨天遮挡闪电雷暴等，避免引起用户的不安感。应尽量避免为看天空景色开设窗洞，因为窗洞较难维护，同时在室内外具有温差时，还会形成玻璃内侧凝露滴水现象，造成室内空间噪声及使用不便。在增大窗洞或新增窗洞时，需要根据建筑结构合理设计，要强化做好防水结构。

二、划分功能定位与空间

将之前模块中完成的气泡图作为基础划分详细的功能定位。将气泡图绘制于建筑平面上，根据不同平面图位置进行功能适当调整，如图 4-1 所示。各层图样绘制各自的气泡图。

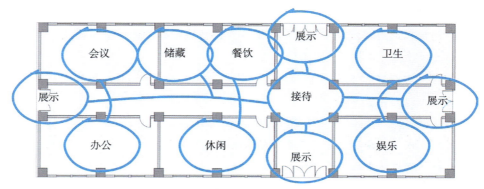

图 4-1　建筑平面绘制功能气泡图

根据功能主次性及功能需求空间的大小，调整气泡大小，如图 4-2 所示。

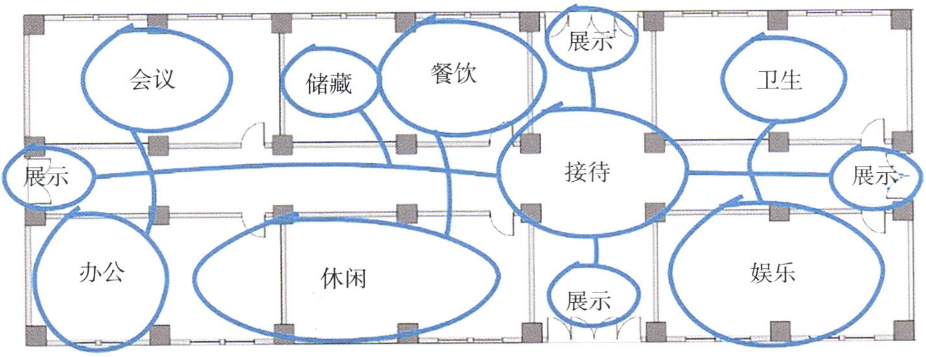

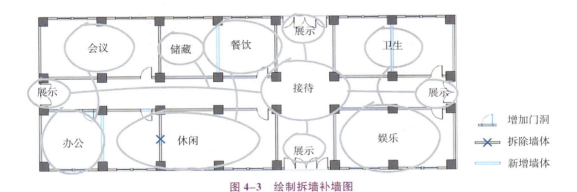

图 4-2 调整后的功能气泡图

调整相应功能大小气泡后，根据建筑结构类型，合理进行拆墙补墙，并在图上使用相应图例表示，如图 4-3 所示。在此过程中，需要特别注意卫生间和厨房等具有管线的地方，避免上下层空间因墙体位置不同导致管道出现穿墙等情况。此外值得注意的是，部分功能之间可通过界面装饰材料或家具等分隔，无须使用墙体划分空间。这一步骤要求设计师对空间装饰及家具进行概念性思考。部分空间中的墙体会造成空间使用不当从而减弱空间使用功能等。

图 4-3 绘制拆墙补墙图

三、设计空间高度

空间高度设计主要包括地面高度和顶面高度。合理的空间高度给用户带来舒适和安全的感受，过高的空间会带来两侧墙体的压抑感或不安全感等。进行地面高度设计时，主要有增加空间层次与防止水流两个作用。若空间层次较高，可适当增加部分空间地面高度。例如层高大于 3 000 毫米的空间，即增加 200 毫米高度地台，地台上保持净高大于 2 800 毫米，可进行舒适的空间设计，如图 4-4 所示。

地台可使用框架搭建等，增高地面的同时，可适当设置地台内部的储物功能。地台使空间具有上下错落感，形成更好空间感的同时增加趣味性。部分空间因顶部需要制作吊顶结构，在计算高度过程中，应保留吊顶高度。吊顶中除装饰用灯具外，部分采用中央空调的空间还需要保留机器高度。

针对阳台、卫生间、浴室、厨房等地可设计部分地面下挖或另一侧地面适当抬高，防止空间中地面水外流，如图4-5所示。在进行地面下沉或重新制作高度过程中，应合理设计防水，避免水从缝隙流向楼板下方。

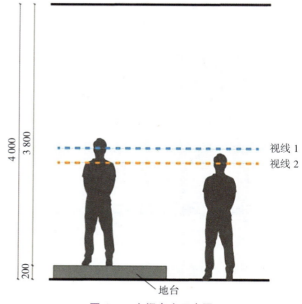

图4-4 空间高度示意图

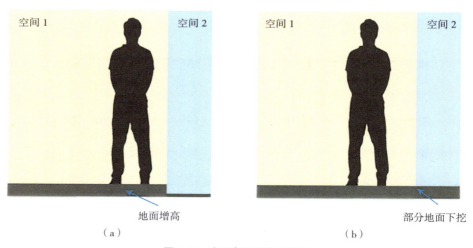

图4-5 地面高差设计示意图
（a）部分地面增高立面图；（b）部分地面下挖立面图

四、设计空间细化布局

在功能分布和高度设计的基础上设计空间具体布局。根据各个空间的功能划分和空间底面和顶面的高度进行具体的布局设计。设计过程应从空间内大家具或部件至小家具或部件的顺序设计。

以民宿空间卧室为例，在设计过程中应先考虑床的位置和朝向，本案例以双人大床设计，如图 4-6 所示。

应避免以下情况出现。

（1）进门直视床头，会造成用户的空间压抑性和缺乏隐私保护感。

（2）床头背板靠窗，会造成用户睡觉时心理不安定感及头部会有窗户微风的睡眠不适感。

（3）床头背板与墙或背柜分离，会造成不安定感，也会带来布局上的其他困扰。

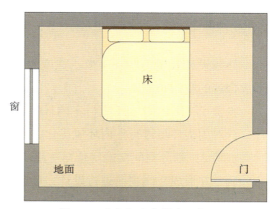

图 4-6　空间初步布置床示意图

设计床在空间中的位置和朝向后，设置书桌相应位置。因民宿空间更多为游客服务，对于游客，书桌或其他可用桌相对于衣柜更实用。书桌一般放置于窗口处，在使用时适当引入阳光，设计时要避免用户人影在书桌上出现，影响阅读等。书桌在空间内合理放置，如图 4-7 所示。

在书桌摆放后，根据剩余空间大小设计衣柜，如图 4-8 所示。与普通自住民居不同的是，民宿游客一般不需要大量衣柜，设置合理数量即可。

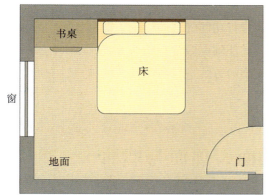

图 4-7　空间内布置书桌示意图

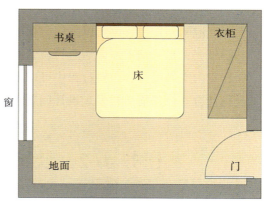

图 4-8　设计衣柜后示意图

若剩余空间较大，首先应考虑特殊需求人群，如乘坐轮椅的老年人，空间内的过道和剩余空间需要保留轮椅通过的基本宽度。轮椅通过宽度一般为 1 100 毫米，可适当增加保留宽度距离。此外在设计过程中应根据消防要求，对部分空间的净宽合理设计。

在排除以上及其他相关特殊要求后，可在空间内设计其他与空间定位和主题相关家具摆放，如放置休闲沙发或休闲椅等家具。部分民宿空间加大，还可放置茶桌椅等。

实训步骤

寻找设计长度为 3 ~ 4 米、宽度为 4 ~ 5 米、高度为 2.5 ~ 3 米的民宿卧室空间，形成合理的空间布局。

步骤 1：优化周边环境与室内环境设计。根据寻找的卧室室内外空间进行优化设计，针对周边环境进行室内环境优化，形成空间平面图。

步骤 2：划分空间功能定位与主题。根据用户需求绘制气泡图，然后进行功能定位与分区，并形成空间主题进行设计，形成平面图。

步骤 3：设计空间高度。根据周边空间情况及功能需求进行空间高度调节设计，形成合理的地台设计，在平面图上进行标高。

步骤 4：设计空间细节布局。在整体高度设计的基础上进行空间布置设计，在平面图中放置家具，形成整体空间布置图。

 技能训练表

完成以上步骤后，空间布局设计完成，技能训练表见表 B-8。

 经验分享

1. 气泡图制作过程中可以采用剪切的方式进行功能气泡的讨论，即将各类功能气泡以圆形纸张的形式裁剪下来后进行位置的摆放，能够高效优化组合方式。

2. 室内空间设计和布置过程中可以采用模型的方式进行各类方式的模拟，有助直观感受设计合理性并能更快发现设计问题。

任务 4-2　装饰地面、顶面与墙面

 情境导入

　　小高同学和小潘同学对室内空间功能进行明确后要进入装饰环节了，但是如何塑造各个界面让他们感到十分困惑。张老师根据自己的经验，把各个界面的装饰技巧进行了总结和简化，这样可以更方便他们掌握并学以致用。

任务目标

知识目标：

1. 了解装饰地面、顶面和墙面施工的部分过程。

2. 熟悉家具摆放与地面装饰的关联和原理。

3. 掌握四种常用顶面材料的名称和特性。

技能目标：

1. 了解装饰地面、墙面和顶面的设计技巧。

2. 熟悉不同材料装饰顶面和墙面的设计方法。

3. 掌握墙面的肌理装饰方法。

思政目标：

1. 了解室内设计师职业基本素养及职业道德。

2. 熟悉各个界面设计中的大局观念，能做到相互联系、相互优化。

3. 掌握工作过程中的创新精神，能够根据设计技巧进行创新设计。

 建议学时

2 ~ 3 学时

 相关知识

一、装饰地面

地面装饰设计主要根据空间功能划分进行，但家具摆放位置为重点考虑因素。家具对于地面装饰设计具有以下作用。

（一）家具位置决定了用户使用位置，相应地面装饰应与家具位置配合

家具在空间中是用户行为的核心要素，其位置决定了用户的行为位置。对于非一致性图案装饰的地面，如非满铺地板或地砖的地面，使用部分拼花图案装饰地面时，需要考虑拼花大小、位置及其他装饰材料的位置。这些地面材料与家具位置结合后，可在空间装饰上形成联动，营造更好的使用体验。在设计部分地面图案时，设计师可考虑家具上有地面图案的延伸，具有连贯性，或根据家具装饰图案设计地面铺设装饰图案。

（二）家具作为空间隔断，其位置决定了地面装饰材料的界限

部分空间中家具作为空间隔断，如在部分民宿空间中餐厅与客厅使用柜子作为空间隔断。在这种情况下，可根据总体面积和空间风格定位等决定地面采用多种材料的必

69

要性。若整体空间较小，不宜使用过多地面材料划分，会造成用户在使用各个空间时产生压抑感。若整体风格定位较为简约，也无须使用过多地面装饰材料划分空间。这些空间只需使用家具分隔即可。

（三）家具位置决定了地面铺砖的起始位置

为了视觉美观，设计师在设计地面装饰材料位置过程中，会调整铺设方法。例如根据重要的家具调整地砖起始位置，会客厅中的沙发前部使用完整地砖铺设可使用户视觉感觉更美观的同时，便于清洁打扫。若空间中有较多家具，可根据家具的使用频率、重要程度决定地面铺砖的起始位置。

二、装饰顶面

对于乡村空间室内设计，顶面设计主要有吊顶和无吊顶两种类型。

有吊顶的乡村空间按照材料和样式通常使用以下四种装饰设计类型，并符合消防等法律法规要求。

（一）石膏板吊顶

石膏板吊顶适用于乡村较为干燥的空间，吊顶可制作成矩形或多边形的造型。石膏板造型多样，但部分区域维修较为麻烦。石膏板施工后配以乳胶漆饰面，一般选用白色或浅色系作为主题色彩。

知识点讲解

制作灯具分布
示意图

（二）PVC 吊顶

PVC 吊顶有块状和条状等，可在饰面印制不同纹理和图案，造型效果美观，不易生锈，但部分饰板会因时间长久导致色彩变黄。

（三）铝扣板吊顶

铝扣板吊顶一般使用在较为潮湿的场所，如海边乡村空间或山中较为潮湿的空间，此外乡村空间中的卫生间和厨房等也会使用铝扣板装饰。铝扣板吊顶拆装便捷，因框架和饰板均为铝材，不易生锈，且饰面装饰纹样多、饰面效果美观。

（四）格栅吊顶

常见的格栅吊顶有铝材和木材。通过格栅吊顶的制作有助于延伸空间的高度感受，避免出现压抑感，节省大量吊顶板材，施工便捷的同时为消防管线和空调等提供了便捷使用条件。

无吊顶的乡村空间通常直接将屋顶作为顶部，配合建筑结构框架进行装饰。装饰过程中要特别注意照明器材和消防器材的位置。装饰形式应符合相关消防规范要求。

三、装饰墙面

乡村空间墙面主要有带窗或带门墙面和实心墙面两种类型。

带窗或带门墙面一般可通过大面积玻璃引入窗外乡村风景，将风景作为墙面装饰物，即采用"借景"的设计手法，该种墙面无须进行大量装饰图案的美化，只需在装饰过程中突出风景即可。

实心墙面在设计过程中应首先考虑墙体的肌理形式。肌理较为美观的砖墙、木墙或清水混凝土墙自身即可作为一种装饰样式。这种装饰形式下，可适当粘贴广告雕刻字或雕刻图案进行装饰。如墙面肌理不适合作为装饰基础纹样时，可选用墙面饰漆工艺、墙面贴砖贴板或贴墙纸墙布装饰。墙面饰漆装饰过程中可选择乳胶漆、真石漆、硅藻泥等材料配合乡村空间风格装饰单色或纹样等。墙面贴砖过程中可使用不同大小的饰面砖，并可使用小型砖拼制图案，但需考虑相应施工成本。在使用板材装饰墙面的过程中，需要考虑墙面饰板的规格与组合方式等。实心墙面需要进行空间层次装饰时，可以使用木框架结构等进行装饰。使用墙纸墙布装饰时，在墙面找平工艺后，墙纸墙布应选择与乡村风格搭配的花草纹样图案或中式吉祥图案等。部分墙体进行木线条框架或石膏线条框架装饰后，可使用多种墙面材料组合装饰。使用 LED（发光二极管）显示板作为墙面装饰的空间，需要考虑板材安装的布局、长宽尺寸和边界材料等。

在墙面设计过程中，可将部分顶面或地面装饰形式或图案在墙上延伸，以更好地形成空间整体感。例如可将地面地板在墙上部分区域进行延伸铺设或将吊顶石膏板向墙面延伸装饰。这些顶面和地面的延伸一般为加强空间的视觉尺度或设计创意性装饰。

 ### 实训步骤

在任务 4-1 实训的民宿卧室空间基础上，装饰墙面、顶面和地面。
步骤 1：根据空间功能设计进行地面装饰图案设计。
步骤 2：根据地面装饰设计对应设计顶面装饰层次和图案。
步骤 3：根据空间需求和文化等综合设计墙面装饰。
步骤 4：对空间墙面、顶面和地面进行界面设计综合优化。

 ### 技能训练表

完成以上步骤后，墙面、顶面和地面设计完成，技能训练表见表 B-9。

 ### 经验分享

1. 空间界面设计过程中可以使用建模软件设计整体。
2. 顶面设计时应考虑灯具布置位置和照射的位置，同时地面设计中要考虑照射的相应家具位置，顶面和地面形状和装饰等进行配合设计。

任务 4-3　设计软装与设施

情境导入

　　小高同学和小潘同学设计民宿空间的地面、墙面和顶面后需要设计空间软装和设施。为了让他们做出更好的设计，张老师讲解了家具种类到展具设计以及布艺和饰品等，期待他们能综合设计出舒适的民宿空间。

任务目标

　　知识目标：

　　1. 了解家具种类和不同的家具风格。

　　2. 熟悉展具、展柜和展架种类及展板和信息标识牌。

　　3. 掌握不同种类壁饰和摆饰种类。

　　技能目标：

　　1. 了解家具摆放技巧。

　　2. 熟悉布艺常见风格和材料搭配技巧及壁饰和摆饰布置技巧。

　　3. 掌握软装搭配陈设技巧及设施布置技巧。

　　思政目标：

　　1. 了解室内设计师职业基本素养及职业道德。

　　2. 熟悉操作过程中细致的工匠精神。

　　3. 掌握工作过程中吃苦耐劳及创新设计的精神。

建议学时

　　2 ~ 3 学时

相关知识

一、设计软装

（一）设计家具

　　1. 家具种类

　　家具按照种类可以分为桌椅类家具、柜类家具等。

桌椅类家具中一般桌椅配合使用。桌主要包括办公桌、书桌、餐桌、梳妆桌、休闲桌、茶几等。椅包括办公椅、书桌椅、餐椅、吧台椅、休闲椅、床尾凳、玄关凳等。桌椅选用过程中应注意桌椅风格及相应尺寸，避免出现桌面较矮、凳面较高，使用不适。

柜类家具主要包括办公柜、书柜、展示柜、电视柜、床头柜、衣柜、餐边柜等。不同柜类尺寸不同，主要根据空间功能和储物需求选择。柜类在实际装饰过程中，可使用定制尺寸。

2. 风格搭配

乡村空间中，常用的风格包括中式风格、乡村自然风格、工业风格、现代简约风格等。

中式风格包括传统中式风格和新中式风格。传统中式风格以花草、吉祥图案作为主要装饰图案，家具的脚基本都以动物脚或爪等作为装饰，彰显生动形象的感觉。新中式风格保留传统中式风格家具的文化内涵和意境神情后，对整体设计形式进行简化，并采用简约的线条和时尚的配件作为主体装饰。应用此类风格在乡村中，可结合应用的空间及乡村整体风格。例如较为现代的乡村，以改建房和新型民宿为主的乡村空间，可使用新中式风格。若在传统的古村落，可使用传统的中式风格，以配合整体氛围。

乡村自然风格家具以原木肌理、清漆饰面为主。一般家具装饰细节较少，整体样式简约。部分家具直接使用原木进行简单切割，如木桩制成的凳子、木板直接制成的家具台面等。乡村自然风格也是更贴合环境的风格，在应用的过程中，一般家具呈现刷清漆后的木质浅黄色，可搭配同色系的界面装饰材料和木质的茶具、餐具等。部分乡村自然风格采用竹材或天然石材作为家具制造原材料，在空间氛围营造时需要考虑其与相关软装的搭配形式。

工业风格家具常见材料为金属和木质的结合。工业风格家具整体色调较为暗沉，部分金属还会使用铁锈作为装饰。此外，工业风格家具中常使用水管、螺栓和螺帽等材料。工业风格常用在曾经具有较强工业特色、产业基础较好的乡村空间。这里工业风格的应用，重点是为凸显乡村的产业特色。在制作家具过程中，可以选择性使用工业产业废弃的零部件装饰。

现代简约风格的主要特征是整体装饰形式简单，没有过多曲线和纹样。与乡村自然风格相比，原木纹样和形状等自然感较少，家具形状较为规整。因其装饰性简单，在整体软装氛围营造的过程中，需要配合其他软装，形成更强的乡村装饰氛围。

以上四种风格在乡村空间设计中较为常用，可根据需求单独或混合使用。

（二）设计展具

展具在乡村展示和商业空间中起到重要的辅助作用。展具在这些空间中决定了空间的氛围和用户体验感受，因此需要在对展具有充分了解的基础上合理设计。常见的乡村空间展具主要分为以下五类。

1. 展台

展台可分为独立式展台和组合式展台两种。两种展台的风格造型均需根据风格和氛围需求进行制作，采用木质、金属或玻璃等材料。独立式展台一般为空间中主要展台，用以放置空间中最为重要的展品。此类展台可搭配设计地台及相应灯光展示。地台一般采用悬浮式设计，即展台台面下支撑部分进行隐藏性设计，给观众带来更好的空间延伸性和灵巧感。部分空间主体展台地面或对应的天花吊顶会使用LED动态屏幕板进行动态性装饰，可为展品带来动态装饰背景或彩色照明光等。独立式展台多层次装饰时，各层次外形应相互配合配套，如底层外形为椭圆形时，上一层装饰以椭圆形为宜，避免使用方形或菱形等不同形式的设计。

组合式展台具有根据展品需求随意拼搭的组合功能。一般组合式展台有阵列间距式同型布置、阵列间距式高低错落布置、集中式同型布置和集中式高低错落布置四种形式，如图4-9所示。

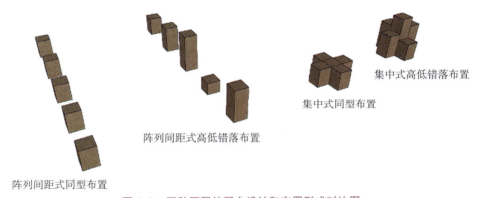

集中式高低错落布置

集中式同型布置

阵列间距式高低错落布置

阵列间距式同型布置

图4-9　四种不同的展台设计和布置形式对比图

（1）阵列间距式同型布置。这种形式通常为展现多个同类型的展品，展台形式一致，展品风格具有系列性，空间整体形成较为整齐的序列感。

（2）阵列间距式高低错落布置。此种形式通过将高度不同的展台在平面上以整齐的阵列形式布置，这种展台设计通常用于分别展示同一系列展品，通过不同高度的展台适当活跃展品气氛或在展示不同高度展品时，配合使用不同高度展台。

（3）集中式同型布置。将多个展台以集中形式进行组合，展示单个或多个展品，可能因展品尺寸过大或展台装饰形式具有美观性选用此种布置形式。

（4）集中式高低错落布置。高低错落形式的集中式展台在突出较高展台部分的展品的同时，形成较为立体的集中展示效果。

多功能信息展台在设计时将屏幕与展台融合，通过展台内嵌平板电脑或触摸屏的形式设计。内嵌的屏幕用以展示展品名称及动态信息等，也为用户自主查询相关信息提供了条件。

2. 展柜

展柜与展台相比，具有一定保护性，常见展柜一般使用玻璃作为保护材料进行展示。相比之下，展台展品一般展示于展台台面，而展柜展品一般展示于展柜玻璃罩或整体展柜框架内。两种展具对于展品的保护程度不同。

展柜根据展品高度和柜体高度可分为立柜、桌柜和矮柜等。

立柜整体高度较高，一般展示面均设计以较大玻璃，玻璃自下部至顶部。立柜中因空间较大，可放置较窄的展台进行物品展示。立柜一般展示高度较高的物品，如挂画或书法等。立柜展柜因高度较高，在进行灯光照明设计时需要考虑照明柔和性，避免顶部灯光照射到台面后形成较大的光线变化，影响视觉感官。

桌柜一般指柜台面较宽且台面高度与桌面高度相似的展示柜。此展示柜一般以水平面进行展示，可根据展示需要设置一定展示倾斜度，便于观赏。因展示面较宽，桌柜在展示时需要对柜体周边进行一定保护，避免因观众的撞击等导致展品及展柜受损。在部分桌柜上可设计电子体验屏，通过电子体验屏幕的说明展示和互动体验，可为用户带来更为全面的展示信息。

矮柜整体高度一般比桌柜高度低，便于观众从俯视视角观看展品。矮柜在陈列时顶部玻璃罩应注意设计角度，避免与空间顶部照明灯具形成反光，使观众浏览时造成视觉障碍。矮柜制作时，应适当扩大相应说明文字的字体，以辅助观众俯瞰时较远的视距。

3. 展架

展架一般分为货物展架和装饰展架两种类型。

货物展架一般用于空间中销售商品的陈列。货物展架一般有金属和木质两种形式。金属制展架用途广泛，具有标准化的优势，在日常生活中的超市可见到大量金属展架。在乡村空间中也可使用木质展架展示商品，配合商品的外观和风格特色等。

装饰展架一般用作图样和文字的展示，可通过展架标准件组合搭建或通过收缩结构展开式搭建。装饰展架承重能力一般没有货物展架强，因此展架上的展板重量较为轻质。

4. 展板及信息标识牌

展板及信息标识牌一般分为固定式和移动式。固定式通常使用在常年主题固定展出的展厅，可使用木材、透明玻璃、金属板材等材料贴字或刻字等形式制作信息板牌。一般这些展板都从地面至空间顶面设计。

移动式展板及信息标识牌下方与地面不进行固定。乡村空间中，应注意移动式展板支架的风格样式和色彩，一般采用灰色或深色系作为装饰。此外，移动式展架还具有空间分隔的作用，可作为临时性设施使用。

5. 体验性展具

体验性展具指用户可在参观过程中使用展具创作、娱乐或休闲等。例如将展品与休闲桌椅相互结合，可让用户在观展过程中充分休息。部分展具可被用户反复创作使用，例如沾水可练习写书法的展具等。这些展具一方面辅助乡村特色的展现；另一方面辅助用户学习了解相关的中国特色文化与历史。这些体验性展具也将成为研学活动中重要的工具。

（三）设计布艺

常见的室内布艺装饰包括窗帘、地毯、桌布、布草、顶部装饰等。窗帘对于中式风格家具，宜使用具有一定色相的暗色系列，如深红色或深绿色等，此外还适合使用黑白灰或金银等色系装饰。使用乡村风格空间的窗帘，可以采用素雅色系或黄绿色系作为主体色。现代简约风格窗帘可使用浅黄色、浅绿色、浅灰色等。在乡村风格空间中，常使用平拉式窗帘。

地毯应根据环境氛围和装饰风格选择。新中式风格地毯纹样一般为吉祥图案或花鸟山水等，应用在乡村空间时，可根据空间周边风景特征及空间品牌进行图案选择。空间较大时，地毯纹样可增加复杂程度；空间较小时，建议选择不过于复杂的纹样。乡村自然风格装饰时，可选用天然材质制作地毯或地垫，如稻草、石片、木片等。这些原始材料一般会根据空间风格适当加工色彩，以适应整体空间环境。工业风格地毯一般为浅黄色、浅灰色、浅褐色等。工业风格地毯相对纹样简单。现代简约风格地毯选择图形较为简单，部分地毯形状也会具有个性化外形。总体上，不宜使用颜色过浅或颜色亮丽的地毯，影响乡村空间氛围的同时，可能存在使用后落灰等问题，造成维护烦恼。

乡村空间桌布一般分为餐桌布、吧台桌布和会客桌布等。桌布布置主要起到装饰桌面、营造氛围和树立仪式感的作用。餐桌布对于乡村民宿和农家乐能够强化装饰氛围、提升整体空间感受。中式风格餐桌布一般以中式的图案、文字为主要纹样，可使用丝材制作为特色。乡村自然风格可使用草或藤制作桌垫，也可使用麻布等作为桌布。工业风格桌布一般色彩素雅，以黑白灰色系为主体色调，配以适当其他色彩点缀。现代简约风格桌布纹样相对简单，色彩素雅或明快。

在民宿空间中，根据空间设计氛围和定价布置合适图案布草。民宿消费价格为普通型的房间，一般使用白色布草，视觉效果干净卫生，能给用户清洁感和信任感。在白色床单上，会使用具有特色的床尾布，床尾布一般为色彩较深、具有一定自然或吉祥的图案，用于衬托白色床单和周围整体环境。民宿消费较高的房间，部分选用浅色系布草或具有特色图案的布草。浅色系以浅黄、浅蓝、浅绿和浅灰色为主，配合空间风格进行搭配。特色图案的布草一般为乡村特色图案或特色中式纹样图案，增强空间氛围。

部分乡村空间使用布艺装饰空间顶部。在坡屋顶结构的顶部空间中，可使用布艺结合木梁装饰顶部。特别注意使用布艺作为顶部装饰时，不适合使用白色布匹或麻布材料装饰。顶部装饰的布艺中可印制中式传统纹样等配合木质结构装饰。对于平屋顶的空间，可使用长条布印制浅色图案装饰顶部，过深的装饰会带来压抑的感觉。

（四）设计饰品

乡村空间装饰中饰品主要包括壁饰和摆饰。壁饰包括装饰画、壁挂工艺品等。摆饰包括工艺品、瓶罐、烛台、餐具、盆景等。

根据设计的风格选择合适的壁挂装饰画能更好地活跃空间气氛。乡村空间中适合摆放的装饰画包括配合中式风格使用的中式书画、配合乡村自然风格的摄影作品、配合工业风格的工艺画和配合现代简约风格的概念画等。装饰画在搭配风格后需要选择合适的色彩与空间，可选用空间内主体装饰材料的相似色、对比色或邻近色等装饰。装饰画还需要根据装饰的空间功能选择装饰画内容，在会客间可选择自然景色画作、餐厅可适当选择增加食欲的画作、卧室和书房可选用休闲雅致的画作、休闲娱乐空间或儿童游乐空间可选择时尚色彩丰富的画。

乡村空间中可根据需求适当选择画作的边框。在简约风格中部分画作为无框装饰，而对于其他类型风格可选择实木、金属或塑料的画框。不同画框的层次、线条和装饰元素不同。在多画组合的墙面，宜选择外形风格一致的画框。悬挂过程中应保持画框的间距一致。

壁挂工艺品包括工艺挂件、挂钟、挂牌、挂板、挂盘等。各类壁挂工艺品的风格选择方法同画作一致，需要考虑整体风格。挂件大小需要根据整体空间尺度和装饰墙面的尺度进行选择。对于色彩素雅的空间，不宜选用色彩亮丽的壁挂工艺品。壁挂工艺品悬挂位置应与灯光照射进行协调设计，形成良好的照明效果。

壁饰悬挂过程中，应以空间用户行为的视角作为悬挂高度，一般以站立位和坐位作为主要高度。这些高度可能因观赏角度或观赏距离等产生一些差异，设计师可根据实地考察判断最后悬挂距离。

摆饰物品在布置过程中需要注意数量、风格和材质的选择。摆饰物品常见置于桌面、柜面或台面上，根据空间场所布置需求，应注意布置数量，避免过多陈列导致空间整洁感被破坏。摆饰物品的风格应首先考虑摆放面的材料色彩和肌理等，对于乡村自然材质的饰板，可搭配使用木质、竹质或石质的摆饰物品。对于其他乡村风格材质的饰板，可搭配使用陶质、瓷质、金属、玻璃、水晶、塑料等材质。

摆饰物品在布置过程中需要注意功能性和安全性问题。部分摆饰物品除基本装饰性外还具有功能性，如烛杯有照明作用外，还具有制造香味、渲染氛围的作用。陈列过程中应尽量避免大量功能性摆饰集中性摆放，避免在使用过程中摆乱饰品。摆饰物品应注意特殊人群的使用安全性。对于老人、儿童能够触及的台面或桌面等，不应布置尖锐或易碎摆饰物品。

摆饰物品在摆设过程中应注意组合性和层次性。摆饰物品可通过分散式和集中式进行摆放。分散式摆设过程中，可通过阵列排布、一字排布等方式进行。集中式摆设过程中，应根据饰品高低按照"前高后低"的方法排布。集中式物体摆放宜置于台面或桌面的一端或居中。集中式摆设物体可选用体形较大的物体位于中部形成视觉中心，配以体积稍小或高度较矮的物体形成组合。

（五）软装搭配陈设技巧

（1）根据使用目的合理组合各类陈设家具和饰品。家具和饰品陈设过程中应考虑具体使用功能，可以根据场景进行多功能组合，但需要注意在各类功能使用场景的美观和礼仪。

（2）根据比例和形式适当组合陈设物品。家具和各类陈设品在进行组合时需要考虑整体比例和形式，避免出现因摆放不当造成视觉感受下降。在比例方面，尺度和比例相差过大的陈设品会使整体场景不和谐，形式也应当相互合理搭配。

（3）应考虑重点场景视觉效果。陈设搭配过程中，应考虑每个场景的主题和装饰重点，根据人流动线角度，为每个场景打造重点视觉观赏角。对于空间其余位置，可适当精简，便于形成"主次"对比效果。

（4）为考虑美观效果，应适当规定陈设品放置位置。对于陈设布置，应设计最优视觉效果并制作摆设位置的相应规范。避免后期因位置移动导致视觉效果不佳。

（5）注意特殊人群活动路线。在陈设过程中，应考虑少年儿童的空间使用动线，避免将尖锐物品陈列布置在其活动路线及低矮位置。

（6）陈设摆场尽量一步到位，减少二次搬运。在摆场过程中，陈设进场后如不直接现场到位，可能会破坏其他空间摆场效果的同时，还会造成二次搬运的人力、物力的损耗。

二、设计设施

乡村室内空间除照明设施外主要有以下七类设施。

（一）标识、指示性设施

标识、指示性设施主要指室内公共空间内的指示性标志标牌。此类标识标牌的选择除考虑外观风格外，还考虑精致性与智能性。精致性可以从标识的外观线条、文字或图案的清晰程度等方面表现。室内的标识的智能性可以从其图案或文字的灯光变化、实时变化、互联变化上体现。同一空间区域内的标识和指示性设施应考虑外观风格的统一性。

（二）休闲、健身、娱乐设施

休闲设施包括室内桌椅，健身设施包括室内健身器，娱乐设施包括室内儿童娱乐家具、桌游家具、台球桌、乒乓球桌等。这些设施的选择主要从功能性和美观性上进行平衡。

（三）安全防护及无障碍设施

安全设施包括：数字监控器材，防护及无障碍设施包括护栏、扶手等。乡村室内空间中的无障碍设施应被重点考虑，对于留守老人和儿童及行动不便的人具有巨大帮助作用。这类设施与其他设施不同，可广泛分布在空间中，便于特殊人群使用。

（四）卫生设施

卫生设施包括垃圾桶、热水器、饮水器等。在室内空间中，卫生设施的选择应考虑外观协调性和安装位置。位于隐匿位置的卫生设施可以使空间视觉效果更佳。

（五）办公设施

办公设施包括办公桌椅及其办公家电。办公桌椅的风格和样式可选择与主体空间相适应的形式。在乡村空间中使用木桌椅可更好地与空间风格进行搭配。

（六）餐饮设施

餐饮设施包括饮料柜、酒柜、茶具柜、冰箱等。餐饮设施通常放置于餐饮空间，部分餐饮设施可采用自助形式方便用户取用。

（七）通信、互联设施

通信、互联设施包括无线网络信号点、投影仪和数字显示屏等。这些设置在空间中起到巨大的辅助作用，为数字乡村空间的建设提供了基础的保障。

 实训步骤

在任务 4-2 实训成果基础上设计软装和设施。

步骤 1：在民宿空间中合理布置家具。

步骤 2：在布置家具的基础上布置布艺和饰品。

步骤 3：合理设计民宿设施。

步骤 4：优化整体民宿空间装饰。

 技能训练表

完成以上步骤后，软装与设施设计完成，技能训练表见表 B-10。

 经验分享

1. 适当布置软装，设计时数量不宜过多，根据风格和用户需求进行数量控制。

2. 设施设计过程中应考虑设施外观，风格宜与家具搭配，避免出现风格差异较大的设施。

即测即练

模块 5
设计乡村景观空间

乡村景观空间是重要的乡村空间组成部分，在学习和应用模块4后，开展本模块任务的学习。通过地形设计、水体设计、铺装设计、景观建构筑物和配置植物形成最后的乡村景观空间。

模块提要

本模块主要学习设计乡村景观空间，主要依次学习：设计地形、水体、铺装，设计景观建构筑物，配置植物。第一部分中从设计地形开始到设计水体，最后完成设计铺装的学习。第二部分中学习设计乡村景观常见建筑物和构筑物及设计设施。第三部分学习配置植物时，完成植物种植的作用与位置、植物种植技巧、选择植物品种三个方面的学习。

模块思维导图

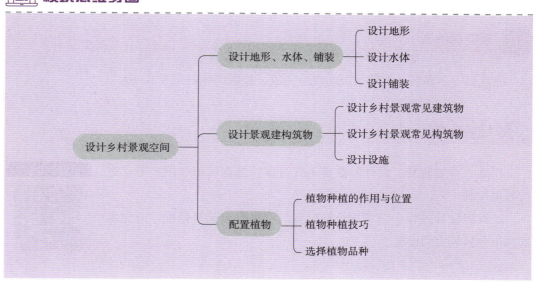

建议学时

6 ~ 9 学时

任务 5-1 设计地形、水体、铺装

情境导入

小高同学和小潘同学在项目初期讨论中获得了不少灵感，在设计乡村景观空间时想要设计出特色效果，但是在设计时有点疑惑，该从哪里开始设计呢？在请教了张老师后，张老师建议从景观空间的地形开始着手设计，在改造地形的时候把水体也一同考虑，并在改造地形后进行铺面装饰。

任务目标

知识目标：

1. 了解设计地形、设计水体和设计铺装的基本过程。

2. 熟悉乡村绿地、广场、景观道路、庭院的基本特性和常见水体类型。

3. 掌握乡村景观装饰材料种类。

技能目标：

1. 了解设计地形、设计水体和设计铺装的技巧。

2. 熟悉滨水驳岸的五种设计手法。

3. 掌握根据景观装饰材料选择合理方法形成风格特色的技巧。

思政目标：

1. 了解景观设计师职业基本素养及职业道德。

2. 熟悉操作过程中的工匠精神及创新精神。

3. 掌握乡土人文特色传承和发扬的设计方法。

建议学时

2 ~ 3 学时

相关知识

一、设计地形

党的二十大报告中提道："大自然是人类赖以生存发展的基本条件。尊重自然、顺应自然、保护自然，是全面建设社会主义现代化国家的内在要求。必须牢固树立和践行绿水青山就是金山银山的理念，站在人与自然和谐共生的高度谋划发展。"[①] 乡村景观不适合大拆大建，尽量通过适当调整形成最后的景观效果。在设计地形前应对原始地形的等高线、地界线和场地内原有的建构筑物及道路、设施和植物等有清晰的分析和了解。设计过程中尽量不要改变场地的原始地形地貌，可通过建设完善整体景观效果。

乡村景观设计场地主要为乡村绿地设计、乡村广场设计、乡村道路景观设计和庭院空间设计等。

（一）乡村绿地设计

对于乡村绿地，根据周围环境的风格和特色情况设计地形，常见的地形有平地、土丘、台地、斜坡等，在设计过程中尽量避免填入或开挖大量土方。平坦的乡村绿地会给用户带来更安定的感觉，需要有一定活动功能的绿地通常会平整活动区域，赋予更多安全感的同时增加活动功能。在设计过程中，需要考虑场地的私密性，即便是公共景观场地，一般也需要分为私密、半私密和全开放的空间。如果整体绿地都是开放式类型，用户一眼能看见整体场地空间，则空间缺乏层次性，也缺乏趣味性。相反，私密的景观空间可营造神秘感和新鲜感，为用户的体验增加趣味性，可利用土丘和台地及斜坡等形式营造私密与半私密空间。此外设计有土丘或者台地的场地，可在土丘或台地的制高点设置观景平台，提供全新的空间游览视角。

（二）乡村广场设计

乡村广场设计过程中，可适当设计微地形，在增加环境趣味的同时，保持整体广场的平坦的大地势。此外乡村广场微地形的设计，也为广场的空间划分提供了方法。微地形的设计可在原始凹凸地形上强化，在平地上采用挖方填方、增加地台等形式建造。微地形的节点设计应结合空间氛围，避免单一的形式。

（三）乡村道路景观设计

乡村道路景观地形配合道路开展设计，设计时可作为道路美景欣赏的同时还可及时排解道路雨水等。乡村道路景观与城市道路景观有所区别，乡村景观更多强调的是通过沿途的风景及高大乔木营造景观空间感受。在设计过程中应避免破坏原始景观感受。

---

① 习近平.高举中国特色社会主义伟大旗帜 为全面建设社会主义现代化国家而团结奋斗——在中国共产党第二十次全国代表大会上的报告 [R/OL].（2022–10–25）[2022–10–25]. http://www.gov.cn/xinwen/2022/10/25/content_5721685.htm.

（四）乡村庭院设计

乡村庭院主要分为民宿庭院和私家庭院。相比之下，民宿庭院比私家庭院开放性更好，在设计庭院时，可以考虑微地形辅助形式形成围合感，增加私密性。在庭院中适当设计竖向高差，可形成一定的庭院趣味性。此外，降水较多的庭院应考虑地面的微坡度及排水设施设计，避免形成庭院积水情况。

二、设计水体

在水景设计中，以自然元素为素材，通过造景形成各类效果。常见的乡村水体设计包括：滨水驳岸，瀑布跌水，叠水水景、水池与喷泉，生态水景与水缸景观，游泳池、戏水池与温泉池等。

（一）滨水驳岸

对于乡村景观，体量相对较大的是滨水驳岸的设计。滨水驳岸根据环境特色和乡村风貌可选择不同材料进行设计。以下为五种可用于乡村空间设计的滨水驳岸形式。

1. 块石或岩材驳岸

块石或岩材驳岸是较为现代风格的岸体，适合较为大型的河道或水系。块石和岩材作为驳岸材料，一般遵循下大上小的堆砌原则。在乡村中需要开发水域旅游时，一般选用此类驳岸配合河埠头或码头进行开发，此类驳岸结构相对稳固，可经受游船靠岸时的撞击。

2. 木桩驳岸

木桩驳岸更能体现河道的生态系性，在小型河道或水域使用此类"生态木桩"围合河岸。木桩河岸相对岸体整齐自然，能配合自然风格或工业风格的乡村形成较为美观的效果。值得注意的是，在木桩设计时，需要在其底部建造混凝土垫层作为基底更为稳固。

3. 水生植物自然驳岸

水生植物自然驳岸种植前，应先对常水位线和潮水位线的数据勘测调研实地，在设计较为稳固的植物垫层后，根据各类水位线设计种植水生植物。此类驳岸若基层不稳固会导致泥沙流失、植物水位下降，部分植物会因高度较低浸于水中，缺乏合适的生长环境后死亡。出现这种现象后在补种水生植物之前，需稳固并加高种植基底部分。

4. 草坡驳岸

使用草坡驳岸设计时，草坪会直接连入水中。设计师需要在河边草皮下设计混凝土稳固边界，避免由于水流冲击掏空草坪下部土壤导致驳岸变形。此类驳岸相衔接部分下方水深若超过规定要求，则需设置防护设施。

5. 沙滩驳岸

沙滩驳岸设计时，设计师需要在水与陆地间设计一块坡度较为缓和的地面，并在该地块临水及陆地边界设置混凝土稳固带，防止下方泥土流失。在该地块上方宜先铺设大块及中块碎石后，再铺设细沙，形成沙滩效果。沙滩驳岸用以丰富驳岸线趣味性，能够柔化整体线性形式。

（二）瀑布跌水

瀑布跌水主要利用高差形成水流下落的独特景观。瀑布在设计过程中，主要包含瀑布背景、水源池、落水口、瀑布跌水及承水潭。瀑布根据水源驱动形式可分为自然瀑布与人工瀑布。自然瀑布指水源来自山水，通过自然岩体高差形成最后的瀑布跌水效果。人工瀑布通常使用水泵将承水潭中的水抽向上方水池，通过高差形成瀑布跌水。一般在瀑布边不适合设计居住空间，避免瀑布的水声影响居住休息。

瀑布跌水按照跌落方式及景观设计需要可主要分为直瀑、跌瀑两种类型。直瀑指从落水口直接落下水流的形式；跌瀑指通过多层高差结构，形成瀑布连续跌水效果。这两种形式可根据场地高差设计。在瀑布跌水过程中，可配合灯光及投影等形成炫彩效果。

若为人工瀑布，可在落水口设置合理的出水形态，可形成布状水流、带状水流和丝状水流。布状水流为常见形式；带状水流须在落水口设置少量阻挡，形成多条带状水流并行的形式；丝状水流可在落水口设置大量水流的阻挡，形成较细的落水小口，水流通过这些小口流落形成丝丝的水流。人工瀑布在水泵抽水前还需要经过过滤器对水进行过滤。人工瀑布在整体水循环过程中具有一定能耗和设备使用成本，在设计时设计师需考虑能耗问题及维护设备产生的开支。

（三）叠水水景、水池与喷泉

叠水与上述跌水含义不同。上述跌水指水从一定高度进行跌落，形成跌落时的效果，主要观赏面为纵向的水面。而叠水指多个水面上下紧邻，相互之间高差较小，通过水流顺势流下形成层层叠叠的水景效果，这种水景效果主要观赏面为各层水平面。叠水景观设计时，需要考虑场地具有一定长度和坡度，一般用于山地地形的景观设计，在结合场地特征后可设计叠水景观。

在叠水水池中，可适当设置喷泉，为叠水水面创造纹样与肌理，还可通过各层水池联动效果设置动态喷泉。叠水水池配合灯光效果及喷泉，可形成绚丽的色彩组合。在乡村空间设计时，此类空间宜设计在乡村广场及乡村山道等处。

（四）生态水景与水缸景观

生态水景指在其中种植水生植物的水景池，该类水池一般深度较浅，从安全角度考虑，深度可为 0.3 ～ 1.2 米。在水池种植时，池内基底先要进行土壤覆盖。根据池体大小，可适当养殖大小匹配的鱼类，同时水池中应考虑鱼类生活的含氧量及温度等。生态水景在设计时应考虑出水口和进水口，尽量设计为活水空间，避免日后维护麻烦。

水缸景观一般用于乡村庭院，在水缸中可种植荷花、铜钱草和其他水生植物。种植时一般避免植物体量过大，可留出部分水域进行水体展示。在造景设计时，还可将多个大小不同的水缸进行组合，养殖不同的植物，形成组合型景观。此外部分石质猪槽也可用作水景设计，通过竹材设置落水至猪槽内，再由水泵抽水形成循环效果。

（五）游泳池、戏水池与温泉池

乡村户外空间中的游泳池基本以娱乐和健身为主，泳池整体外形可根据环境设计需要设计矩形、圆形或曲线形等。一般泳池深度在 0.5 ~ 2.0 米，也可根据规范和需求设置合理高度。游泳池根据大小，其设计的位置也不同。大中型泳池一般位于乡村空地，供周边游客和住户统一使用。小型泳池一般位于民宿庭院内，供民宿游客专用。泳池在边缘造型时可设计为无边泳池，即将池内水以溢水方式从边缘处溢出向外侧集水槽流下，形成更好的视觉美感，吸引更多游客前来。

戏水池相对游泳池，深度更浅，一般对于成人的戏水池深度不超过 1.0 米，即能保证戏水用户站立在水池中时顺畅呼吸。戏水池一般建设规模较大，位于大中型游泳池边，供戏水娱乐的人群使用。戏水池在装饰设计时，可在底面及侧面进行纹样装饰，一般装饰材料有石板、瓷砖、马赛克砖等。可在戏水池底部装饰空间品牌或相关品牌IP（知识产权）形象等。

温泉池作为乡村中的特色吸引一大批游客前往。温泉池一般以石材作为装饰材料，更好显示自然性。温泉池一般根据大小可分为大中型温泉池和小型温泉池。温泉池一般都供给民宿住宿游客使用。温泉池设计过程中应保证合理的私密性和风景观赏性。私密性通过合理的围护结构进行视线遮挡，如竹制围栏或木质围栏等。风景观赏性指在温泉建设地点设计院落内景观或能在温泉池眺望特色景观。

三、设计铺装

（一）花岗岩

花岗岩是户外常用装饰材料，其与室内装饰材料大理石形成方式不同，因而两者图案有所区别。花岗岩是一种火成岩，通过地表以下的沉积冷凝形成，表面图案以颗粒状为主。而室内常用的大理石因石材为变质岩，即由岩石经过高温变质形成，因此表面图案一般带有闪电图案。根据两者的形成过程和材料物质，花岗岩不易被风化，耐腐蚀，质地细密，因此被用作室外装饰材料，而大理石易被酸雨腐蚀，一般用作室内。

根据花岗岩各色特征，命名为芝麻白、芝麻灰、芝麻黑、黑金砂等。在花岗岩石材搭配过程中，宜通过色彩对比组合形成鲜明的视觉效果。

锈石板是一种特色花岗岩，常用作文化石饰面，也可用作地面铺设。锈石板因其石材纹样而得名，有各种色彩，如绿锈石、黄锈石、白锈石等。户外使用锈石时，可使用火烧面进行处理增强防滑性。

（二）青石板

青石板是一种乡村景观中常用材料，其属于沉积岩，表面呈现灰青色，部分石材产地因有其他氧化物混合，会有色彩差异。青石板按照加工工艺可形成粗毛面板、细毛面板和剁斧板等形式。青石板根据加工厚度决定使用区域，一般不用在乡村较为潮湿的地区，避免因潮湿青石板表面生长苔藓产生较滑的感受。

（三）水洗石

水洗石工艺指通过卵石或砾石与水泥按比例进行混合，铺于地面或立面，用合理力度压平及等待干燥过后，使用清水和毛刷洗去顶层表面水泥砂浆的过程。水洗石工艺的装饰效果取决于水泥色彩和砾石色彩。一般建议使用色彩反差较大的砾石配合水泥使用。值得注意的是，白色水泥在遇到黄土后很难洗净，不易清洁打理，因此在设计过程中应考虑后期使用效果。运用水洗石工艺可以拼合出个性化图案。在水洗石施工过程中，若水泥砂浆配比和洗石时的湿度未控制好，可能造成石头嵌于砂浆中不能被洗出的状况。此外不同色彩石材施工过程中应注意两种石材衔接处的材质处理，可使用铜条等分隔材料。

（四）瓦条

瓦条作为地面铺装材料，可配合中式风格装饰。瓦条质量轻、材料薄，不宜安装在行车位置，容易被车辆等压碎。瓦条一般有青灰色和红色两种类型，根据色彩不同可组合形成特色图案。群组铺设的瓦条可形成弯曲形状装饰效果。多个单条瓦条进行形式组合，形成植物图案或吉祥图案可用以装饰地面。

（五）卵石

卵石色彩、大小规格多样，表面光滑，可通过拼合形成风格多样的装饰效果。在进行地面铺设前，应对卵石进行挑选，对同批次同色卵石进行色彩、大小和质地图案的清洗和选择，避免过大过小或有石块残缺的问题。石材再次清洗晒干后，可进行铺地基层的清洗与图案放样，在地面弹线限位后浇筑水泥砂浆。水泥砂浆达到一定干燥度后将石材插入水泥砂浆进行固定。待水泥砂浆均匀干透后进行冲洗清扫，形成最后的效果。

（六）毛石

毛石是乡村里常用的地面铺装材料，是通过开采后使用的自然石材，一般选型后进行铺装搭配。毛石铺装尽量以平整石面作为铺装表面，避免对行走产生影响。

（七）砖块

乡村建设中，可采用砖块作为花坛砌筑和地面铺装材料。常用青砖和红砖进行砌筑和地面装饰，也可使用乡村空间改建时产生的老旧砖块砌筑或铺设地面。砖块铺设过程中可拼贴图案，根据交错形式形成优美纹样。砖块作为最常见和廉价的建筑材料，可在乡村建设中便捷应用。

（八）水泥压模

水泥压模相较于花岗岩铺面价格更低，其具有较强的艺术性和装饰性。水泥压模是在地面基础处理浇筑水泥后，通过磨具在水泥表面压制图案而形成的装饰效果。水泥压模模具多样，但压制后的水泥图案上色后色彩效果偏灰，不如铺贴石材清晰明亮。

 实训步骤

设计水平面积长度为 30 米、宽度为 30 米的乡村广场地面铺装图案，地面高度、装饰风格和特色自定，形成经济美观的地面装饰效果。

步骤 1： 在 AutoCAD 软件中绘制地面整体外框。

步骤 2： 设计中心主要地面图案。

步骤 3： 设计整体地面铺装边缘，便于铺装收边。

步骤 4： 设计完善整体广场地面铺装图案。

步骤 5： 进行尺寸和材料标注。

 技能训练表

完成以上步骤后，乡村景观空间地面铺装设计完成，技能训练表见表 B–11。

 经验分享

1. 设计地面铺装过程中应考虑地面水平情况，若整体地面为倾斜地面，则铺装材料的面积会有所增加。铺装图案的定位也应根据实际铺设面积进行确定。

2. 设计地形过程中应考虑排水问题，地面铺装应具有一定倾斜度，并合理设计排水方向和排水设施以减少积水。

任务 5–2　设计景观建构筑物

 情境导入

　　小高同学和小潘同学设计地形、水体和铺装后，下一步要进行景观的建筑物或构筑物设计。那么，乡村景观的建筑物和构筑物有什么特色呢？在前期调研的基础上，他们有了一点想法，但是如何去设计表现出来还是需要指导，在张老师的帮助下，他们尝试设计景观建构筑物。

 任务目标

知识目标：

1. 了解乡村大门、景观亭、廊架、公共厕所、花架、景墙和景桥的基本概念。

2. 熟悉户外景观设施类型和功能。

3. 掌握设计设施分布的原理。

技能目标：

1. 了解乡村大门、景观亭、廊架、公共厕所、花架、景墙和景桥的设计技巧。

2. 熟悉掌握设施分布图制作方法。

3. 掌握个性化设施的设计方法。

思政目标：

1. 了解设计师职业基本素养及职业道德。

2. 熟悉操作过程中的工匠精神及沟通技巧。

3. 掌握工作过程中的文化传承精神和创新精神。

 建议学时

2～3学时

 相关知识

　　景观建筑物相较于景观构筑物体积更大。常见的乡村景观建筑物有乡村大门构架、景观亭、廊架、公共厕所等。常见的乡村构筑物有花架、景墙、景桥等。

一、设计乡村景观常见建筑物

（一）乡村大门构架

　　乡村大门构架只适合部分乡村，并不是所有乡村都需要大门框架。部分以工业产业为主的乡村，可以使用框架来显示工业产业结构，可设计具有仪式感的乡村大门。其他具有一定特色的乡村，需要框架大门的，可以设计乡村大门构架形式。

（二）景观亭

　　景观亭是乡村景观空间中重要的休息空间。一般景观亭选址位于坡顶，且位置应处于风道上，建造后可供用户纳凉休息。以景观亭为视线中心，开展周边景观的后续设计。一般情况下，同一景观空间中设计一处景观亭即可。景观亭作为区域核心，也会成为其他景观路线的视线终点景观，具有一定引导性的同时，还具有区域标志性。

各个乡村在建造景观亭时，应选择合适风格。各地的风景园林都具有一定历史，传统景观建筑在建造时各有特征。在建造景观亭时应在充分调研地方传统风格基础上进行设计，避免一味用现代景观设计风格去取代传统风格。

（三）廊架

乡村景观廊架一般采用木质结构，廊架上方为人字坡顶结构，廊架下方可设置休闲座椅。廊架和亭子可结合建造，形成亭廊结构。

廊架根据形式，一般有 L 型和 I 字形，L 型廊架一般分布于景观场地四周，通过廊架设立可减弱边角的视觉突兀感，也增加了廊架内的观赏角度。I 字形廊架一般设置于通道位置，可增加通道视觉景观感受。

在创意景观设计中，部分廊架会使用个性化风格进行建造，个性化景观廊架设计需要根据乡村环境风格进行考虑，较为现代的乡村或应用新中式风格的乡村可尝试搭配个性化景观，但传统中式风格中应尽量避免个性化廊架设计，以免形成突兀的视觉风格效果。

（四）公共厕所

在新建乡村公共厕所时，应根据人流设计和相关国家与地方性法规，按照游客或居民数量分布，按区设立点位。公共厕所在设计过程时，外观可参考景观亭相关样式，可使用传统中式或新中式设计建筑外部装饰。公共厕所宜设立在交通要道沿线，便于游客和居民使用。厕所规模、坑位数按照相应规范计算。

二、设计乡村景观常见构筑物

（一）花架

景观花架与廊架较大的区别在于花架顶部不封闭，廊架顶部封闭。花架整体构架较为细致，主体花架结构主要以攀藤花卉进行装饰。花架设计所配置的植物应考虑生长气候和湿度，尽量选用乡土本地品种，避免需要大量维护和浇水的品种，减少后期维护工作。

花架常用金属材料作为主要构架，在设计时应考虑这种金属结构材料，避免在夏天过热或冬天过冷影响植物生长。花架一般设计于景观通道或与相关景观建筑相互结合，具有形成立体绿化景观的作用。部分花架底部因结构支撑需要会补充使用混凝土结构进行基座建设和支架固定设计等。

花架根据形式主要分为单门结构、廊式结构、立体结构，如图 5-1 所示。

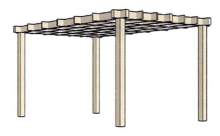

单门结构　　　　　　　　　廊式结构　　　　　　　　立体结构

图 5-1　三种花架结构类型

单门花架通常为门洞形式，通过单个立面作为花卉生长装饰的结构。廊式结构是指将多个花架立面用横向结构杆相连形成的通道结构，此类花架易于形成绿荫或花卉通道。部分廊式花架结构采用木材进行支撑，形成更好的支撑效果。立体结构花架通常使用金属构架制作综合式结构，可在结构中放置各类花卉，最后形成展示效果。此类花架还可根据需要制成特殊造型，形成特色形态。三种花架形式不同，需要根据设计区域的风格和周边建筑及场地的情况具体选择。

（二）景墙

乡村空间中建造景墙，可作为空间分隔、背景装饰、增加景观层次等使用。景墙在设计时其自身材质或墙面图案通常可体现文化内涵。

在乡村空间中设计景墙，根据建造材料可选择以下五种类型。

（1）钢筋混凝土结构景墙。钢筋混凝土景墙在浇筑基础结构后塑造墙体结构，墙体结构相对稳固。墙体部分一般分为钢筋混凝土结构层、结合面层和表面饰面层三层。表面饰面过程中应设计顶部排水线、排水槽或阻水线，避免墙体形成流渍现象。在乡村空间中，钢筋混凝土结构虽然相对稳固，但不建议设计过高，避免形成与环境格格不入的视觉感受。

（2）砌砖结构景墙。砌砖结构景墙一般分为两种类型：一种是无饰面类型，通过砖块和水泥自身的质感进行装饰，根据周边装饰风格色彩，可选择使用灰砖或红砖进行装饰；另一种类型是有饰面类型，通过饰面砖或者乳胶漆等对墙体表层进行装饰。饰面砖在选择过程中宜使用与环境相结合的样式。

（3）石砌结构景墙。石砌结构指通过石块拼合并用水泥进行连接的形式。石砌景墙砌筑过程中需要对石块的样式进行仔细挑选，尽量以上小下大的形式堆砌。在挑选过程中，可选择不同色彩的石块交错砌筑，形成较为美观的五彩效果。石砌墙体的顶部可使用卵石压顶或混凝土板压顶等，形成美观效果。若要在石砌景墙上开窗洞，窗洞上方需要增设横梁，并相应缩小石块体积，减轻相应重量。

（4）钢架结构景墙。钢架结构墙体一般使用较为轻质的钢材进行搭建，主要可使用方钢、工字钢、槽钢等。不同钢材结构可以自身形状及材质作为装饰材料。部分景观墙体流行以锈蚀质感作为装饰。值得注意的是，钢架结构景墙需要在墙体下部用混凝土、砖块或钢材建立稳定的基础。钢架结构景墙通常可使用在具有工业产业的乡村中。

（5）玻璃景墙。玻璃景墙通常使用玻璃或玻璃砖搭建装饰。玻璃景墙设计时，为了墙体更美观，可将墙体下部伸入地下，隐藏玻璃下部固定结构形式。但玻璃景墙的玻璃材质一般为不透明磨砂或具有其他图案的玻璃。避免使用透明玻璃，造成用户撞墙等危险。使用玻璃砖搭建景墙时，需要使用玻璃砖专用黏合剂。玻璃材质的景墙表现较为轻盈且现代，适合现代简约风格的乡村装饰使用。

在部分乡村的景观空间中，可混合使用多种材质进行组合装饰，形成混合材质的景观景墙组，用以展示不同产业文化内涵。

（三）景桥

景观桥体与普通桥体相比，体积相对较小。景观桥体是景观道路重要的组成部分，其除具有常规通行功能外，还应具有融合环境形成美景及体现乡村特色历史人文的作用。

常见的景观桥梁有石桥、木桥、钢桥和钢混桥等。不同的桥体材料应根据整体空间风格和装饰特色进行装饰。自然风格的装饰选用石桥和木桥，工业风格可选择钢桥，现代简约风格可选择钢筋混凝土桥。乡村中一般有平桥和拱桥两种形式，根据景观需要选择合适桥型。平桥用于常规交通设计，新建拱桥多用以装饰整体景观。此外在部分乡村中为配合景观效果，会在陆地设计并建造景桥，这类景桥通常配合陆地栈道所使用。这类设计可供游客进行合影留念。

三、设计设施

（一）认识乡村基本设施

乡村基本设施根据空间性质，主要分为景观设施和室内设施。景观设施除照明设施外主要有以下五类。

1. 标识、指示性设施

标识、指示性设施包括村标村牌、导向牌、信息栏、广告牌等。在选购或定制乡村空间的标识和指示性设施时，需要考虑外观与乡村文化的结合。选用的设施外观以木纹、竹纹、石纹为主，可降低其与环境的视觉冲击力。

2. 休闲、健身、娱乐设施

休闲设施包括休闲座椅、秋千等，健身设施包括户外健身器材，娱乐设施包括户外儿童玩具、娱乐座椅等。这类设施的选择主要从安全性、美观性和维护性等方面考虑。在安全性方面，需要考虑老人和孩童在参与过程中是否会有身体磕碰，是否会因尖锐的外形或构件而受伤。美观性方面需要考虑健身器材与环境风格的融合以及其自身的使用美观性。休闲、健身器材通常是用户参与最多的设施,其稳定性及维护性需要重点考虑,设施中尽量减少木质材料,可使用木纹的金属代替,同时金属部分也应做好防锈工艺。

3. 安全、防护及无障碍设施

安全设施包括数字监控器材,防护及无障碍设施包括扶手和护栏等。数字监控器材是数字乡村建设的一部分,可进一步增强乡村的安全性。在选择监控器材时,需要注意监控器材的视角和外观造型,另外监控器材安装的立柱、横杆等也需要使用与环境相协调的色彩进行涂饰。防护及无障碍设施包括残疾人坡道扶手、盲道地面和防护栏杆等,这些设施的材质应易于清洁和具有耐用性。

4. 卫生设施

卫生设施包括垃圾桶、公共洗手台、公共饮水器等。在数字乡村的建设过程中,卫生设施通常具有一定的通信功能,部分卫生设施会与通信互联设施放置在一起。例如,打造"低碳"乡村的智能垃圾桶、循环雨水利用的户外洗手台、智能净水装置结合的公共饮水器等。选用这些设施时,需要考虑设施的综合服务半径以便选择型号。

5. 通信、互联设施

通信、互联设施包括无线网络设施、投影仪、数字显示屏等。通信互联设施主要考虑其外观与周围环境的协调性。

(二)设计个性化设施

设计具有特色的乡村空间时,需要设计个性化的设施,如村标村牌设计和空间形象标识设计。

1. 村标村牌设计

最常见的形象标识是各个乡村村口的村标村牌设计。虽然村标村牌具有一定的标识性,但是很多标志标牌并不能体现乡村独具的特色,看似相同。每个村都有自己的历史文化,除了提炼特色的元素符号,还需要将村标村牌与村的风景相结合。村标村牌往往是"乡愁"的第一站,也是游客合影的必经场所。在设计过程中除考虑村名的字体外,还需要考虑人、牌、景的三者关系,在合理处理好三者关系的基础上,独特的色彩和材料会令人留下深刻的印象。村标村牌设计的时候尺度根据整体空间场景的尺寸来制定,过大或者过小的尺寸会导致整体效果突兀,破坏整体空间协调性。

2. 空间形象标识设计

乡村特色空间常见的有田园综合体的各类空间、特色遗址空间、乡村客厅空间等。设计制作乡村特色景观空间形象标识有助于特色展现和吸引游客等。例如,田园综合体设计中的水果采摘园,明确的形象标识有助于区分乡村景观中的观果树和采摘果树。从实际上看,水果采摘园等被分片承包给公司或者个人后,形象标识标牌设计与周围其他地区的形象标识标牌可能存在风格和材料不一致的情况。对于这种现象，由管理者统一进行形象标识的设计和制作，可以更好地统一视觉效果。此外在特色遗址空间制作形象标识设计，有利于参观游客了解历史文化，形象标识牌的指示也可作为旅游路线的指引牌。位于户外的乡村客厅空间合理的形象标识更能给前来的游客良好的第一印象。所以乡村特色景观空间形象标识的设计对于特色小镇的建设和文旅村镇的建设有较大的推动作用。

乡村空间中还有许多设施可根据乡村定位与风格设计个性化设施。在设计过程中应尽量保证整体设计的系列化特征。

 ## 实训步骤

设施分布图使用 Adobe Illustrator 软件进行制作。

步骤 1：导入平面底图。打开之前做好的彩色平面图。

步骤 2：建立不同图层。在【窗口】菜单中找到【图层】，单击打开图层窗口，如图 5-2 所示。

知识点讲解

制作设施分布图

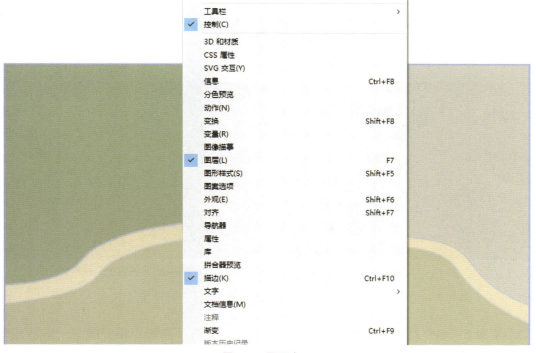

图 5-2 图层窗口

在图层窗口中新建需要分布的设施图层，各类设施各建一个图层，如图 5-3 所示。

图 5-3　新建图层示意图

步骤 3：制作设施点符号。使用圆形工具制作不同外观的设施点符号，如图 5-4 所示。

步骤 4：平面布局设施点位。在平面图上布置设施点位，如图 5-5 所示。

图 5-4　设施点符号示例

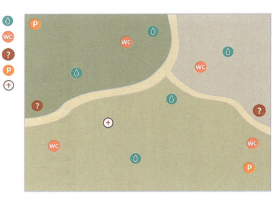

图 5-5　设施点位分布示意

步骤 5：制作图例。在制作完设施分布图后，在右下角制作相应图例，如图 5-6 所示。

图 5-6　图例制作示意图

 技能训练表

完成以上步骤后，设施分布图设计完成，技能训练表见表 B-12。

 经验分享

1. 在设计景观建构筑物的过程中需要考虑灯光照明对物体的影响，优化夜间观赏效果。

2. 同一个乡村设计的建构筑物和设施等应保持一致的风格，避免色彩和风格多样造成观赏效果杂乱。

3. 在设计设施布置的过程中应避免设施的放置造成风景观赏受到阻碍或影响视觉效果。

任务 5-3　配置植物

 情境导入

　　乡村中植物设计配置必不可少。小高同学和小潘同学在设计景观建构筑物后开始配置植物。原本对植物就很喜爱的小高同学，在设计的过程中充满了兴趣。但是如何让植物组合得更有特色，更能为空间营造起到辅助作用，是小高同学的难点。张老师为此进行了植物配置的技巧讲解。

任务目标

知识目标：

1. 了解植物种植的作用与位置。

2. 熟悉不同植物的品种特性。

3. 掌握植物价格查询的途径。

技能目标：

1. 了解植物种植技巧。

2. 熟悉数字化植物种类识别方法。

3. 掌握制作植物分布图的技巧。

思政目标：

1. 了解景观设计师职业基本素养及职业道德。

2. 熟悉配置植物过程中追求环保自然的设计精神。

3. 掌握工作过程中灵活的工匠精神和乡土特色传承精神。

 建议学时

2 ～ 3 学时

 相关知识

一、植物种植的作用与位置

（一）植物造景——景观空间的视线终点

在各空间的视线终点种植植物，可以形成自然元素组成的视觉景观，与硬质景观形成互补，增强视觉多元化，如图 5-7 所示。

（二）营造仪式感——交通节点

在各交通节点，通过种植整齐或阵列的植物，可以形成仪式感，营造更好的用户体验氛围，如图 5-8 所示。

（三）围合空间——空间四周

使用植物在空间四周种植，可以形成空间围合感觉。与封闭度较高的墙相比，植物作为半通透的视线元素，可以起到空间边界视觉过渡的作用。植物的种植密度和数量越高，空间的围合和领域性越强，如图 5-9 所示。

图 5-7　植物造景示意图

图 5-9　植物围合空间示意图

图 5-8　植物营造仪式感示意图

（四）视线引导——交通空间两侧

通过交通空间两侧的植物连续性种植，可以多层次引导人们的视觉，从而进一步引导前进路线，这是一种较为自然的引导方式，如图 5-10 所示。

（五）过渡空间——建构筑物四周

在建构筑物四周种植植物可以有效缓和高大的建构筑物与地面之间的高度落差，在原有的场景中增加比建构筑物矮的植物，可以过渡空间高度上的视觉感受，如图 5-11 所示。

（六）连接景物——空间节点之间

在两个空间节点之间需要缓和衔接的空间，通过植物的种植，可以起到连接景物的作用，如图 5-12 所示。

图 5-10　植物起到视线引导作用

图 5-11　植物起到视　　　　图 5-12　连接空间节点作用
　　　　觉过渡作用

二、植物种植技巧

（1）种植奇数棵植物有利于形成观赏中心。在植物造景过程中，同一品种的植物或同一规格的树以奇数棵种植，可以突出中间的植物视觉效果。当人面对奇数棵植物时，中间的植物将成为视觉中心；而如果植物是偶数棵，则视觉中心为两棵树或树中心的间隙，较难打造视觉效果。如图 5-13 所示。

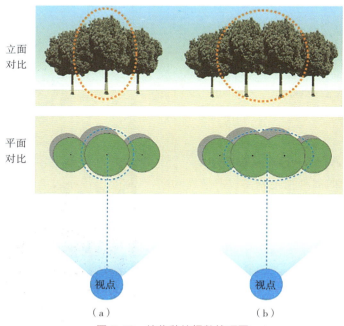

立面
对比

平面
对比

视点　　　　　　　视点

（a）　　　　　　　　（b）

图 5-13　植物种植棵数技巧图
（a）奇数棵种植平面视角；（b）偶数棵种植平面视角

（2）同类型或同品种的三棵植物在平面图中的三个种植点以不等腰三角形的形式进行分布，有利于形成植物的空间层次性，如图 5-14 所示。

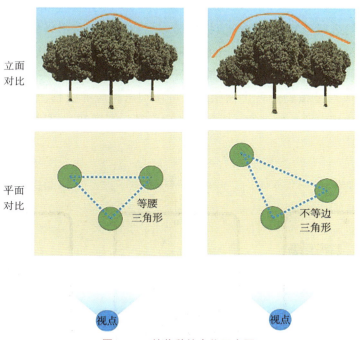

图 5-14　植物种植点位示意图

通过交错种植同类或同品种植物，在观赏的视觉上，植物的高度会形成不同的变化，增加层次性的同时还会增强植物造景的效果。

（3）植物均以从高至低的顺序种植，有利于梳理视觉秩序。植物从高至低依次为特大乔木、大型乔木、中型乔木、小型乔木、灌木、花卉、草坪等。种植时根据植物的种类和高矮进行种植，有助于形成视觉秩序良好的多层次植物景观，如图 5-15 所示。

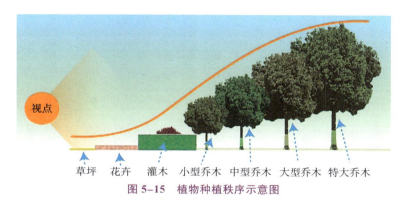

图 5-15　植物种植秩序示意图

99

三、选择植物品种

植物品种选择主要考虑适地性、美观性、文化性和经济性四个原则。

（一）适地性

在乡村空间进行植物种植时，应优先考虑当地植物，在调研和走访过程中，记录当地宜种植物品种。对于当地特色植物的叶、花、果及全貌可进行拍摄。遇到陌生植物品种时，可采用手机 App 的识别功能。例如使用微信的扫一扫功能，点开扫一扫后，使用手机摄像头对准植物进行多次拍摄，可识别出相应的植物，如图 5-16 所示。植物识别后可记录相应的植物名称、常见胸（地）径、高度和冠幅尺度、喜阳喜阴程度、种植要求等。

图 5-16 手机识别植物品种

调研走访完毕后可填写调研表格，如表 5-1 所示。

表 5-1 植物调研统计表

序号	乔木/灌木	常绿/落叶	名称	拉丁名	规格			枝叶色彩	果实形色	备注
					胸径/cm	高度/m	冠幅/m			

续表

序号	乔木 / 灌木	常绿 / 落叶	名称	拉丁名	规格			枝叶 色彩	果实 形色	备注
					胸径 /cm	高度 /m	冠幅 /m			

（二）美观性

根据不同气候及土壤，选择合适的植物。在美观性方面主要应做到植物与设计场景相互协调。部分场景中乔木的孤植也可成为独特的风景，在考虑植物配置美观性时，不应一味以数量多和色彩多作为标准。植物的美观性可以从以下三方面进行设计。

（1）组合形式设计。植物与建构筑物或植物与植物之间形成组合，可以考虑组合的形式美感。形式美感可以利用比例与尺度的统一与对比、形式的对称与和谐、层次感的递进等。

（2）个体造型设计。植物的个体造型主要考虑植物的外形，包括点状的叶片和花朵、线状的枝干和垂条、整体冠幅的形体等，这些因素共同决定了个体造型的美感。在后期采购挑选植物时，需要从这些方面进行综合考虑造型的美感。

（3）色彩组合设计。搭配时通过植物色彩为对比色的植物组合，形成色彩对比，如红色和绿色、黄色和紫色等；可运用色彩的协调性，将同类色的植物或花卉组合在一起，如红色系植物或黄色系植物；可运用白色或浅色系花卉作为点缀，将白色或浅色系花卉与深叶植物共同种植，可以形成明显的反差效果。

（三）文化性

乡村空间中部分植物会成为空间的主体部分，且植物的名称也会在空间特色中体现。例如种植两棵柿子树的空间寓意"柿柿如意"；种植朴树象征着朴实的品格和祝福寿命长久的寓意；院落种植合欢，寓意家庭团结、心平气和、欢乐美满等。这些植物种植的文化特性是人们对于美好愿望的期盼和祝福。

（四）经济性

在具体植物品种选择的过程中，可以查询相应的信息价和市场价。

 实训步骤

制作植物分布图：

植物分布图采用 Adobe Illustrator 软件，在之前制作的彩色平面图上制作。使用该软件制作时，分别建立"乔木""灌木""地被"和原始彩色平面底图。

知识点讲解

制作植物分布图

步骤 1：添加乔木。导入乔木素材，根据种植点位进行乔木位置的放置，如图 5-17 所示。此时特别注意，乔木素材至少应分为常绿乔木和落叶乔木两种。乔木的图例可使用圆形工具制作，应避免使用真实感较强的树的俯视图，可能会导致平面图花哨，缺乏整体感。

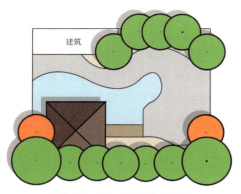

图 5-17　添加乔木基本位置

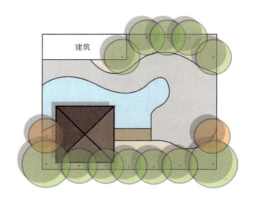

图 5-18　添加透明度的植物图层

添加乔木后，可对乔木图层设置透明度，以显示乔木下的植物种植和其他铺装情况，如图 5-18 所示。

步骤 2：添加灌木。成片的灌木可使用矩形进行标识，适当添加形式美化可丰富效果。部分球状灌木可使用圆形工具进行图例制作。适当添加灌木后的效果如图 5-19 所示。

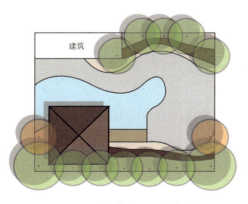

图 5-19　添加灌木图层后的效果

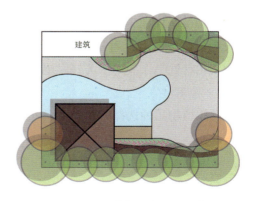

图 5-20　添加草坪或花卉后的效果

步骤 3：添加草坪或花卉。对于草坪或者成片花卉，可以通过建立矩形并填充草坪色或花卉色的形式进行，制作完后的效果如图 5-20 所示。

步骤 4：制作植物图例。根据以上制作常绿乔木、落叶乔木、灌木、花卉和草坪植物图例，如图 5-21 所示。

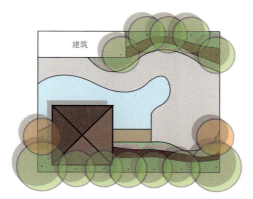
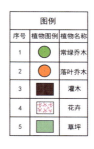

图 5-21 制作的植物图例

 技能训练表

完成以上步骤后，乡村景观场地植物分布图设计完成，技能训练表见表 B-13。

 经验分享

1.制作植物配置过程中应增加植物层次性的同时尽量采用地方特色植物，常绿植物和落叶植物配合种植时需考虑落叶后的植物搭配效果。

2.植物配置设计过程中应以自然风格为特色，配合乡村整体风格，避免形成过于现代的城市植物造景感受。

即测即练

模块 6
创作手绘与处理图像

在乡村空间装饰设计中需要手绘的图样，有设计理念表达图、设计草图和空间设计效果图等。这些手绘图根据不同的使用需求，可以选择用纸张手绘、数位绘图板手绘或平板电脑手绘形成。

模块提要

本模块中主要学习手绘创作的方法及相关的图像处理方法，包括学习通过手绘方式制作效果图和通过数位绘图板或平板电脑制作手绘效果图两个部分。在学习纸张手绘效果图部分中依次学习认知手绘纸张及色彩工具和绘制设计理念草图。在制作数位绘图板与平板电脑手绘图部分中学习数位绘图板和平板电脑两个部分的手绘图制作方法。

模块思维导图

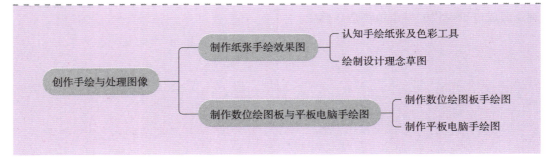

建议学时

6～8学时

任务 6-1　制作纸张手绘效果图

 情境导入

　　小高同学和小潘同学对于乡村空间设计有很多想法，但是用电脑制作每个想法的效果图会用大量时间和精力，他们问张老师："怎样高效率表达设计创意呢？"张老师说，那当然使用手绘效果图效率更高，且能更好展现设计师的个性。接下来就让我们来学习手绘和处理优化的方法。

 任务目标

知识目标：

1. 了解纸张手绘工具基本使用方法。

2. 熟悉手绘效果图拍摄方法。

3. 掌握电脑软件处理手绘效果图原理和流程。

技能目标：

1. 了解马克笔色卡制作技巧。

2. 熟悉彩铅绘制色彩多样性技巧。

3. 掌握人物动作表达方法和空间特色表现方法。

思政目标：

1. 了解设计师职业基本素养及职业道德。

2. 熟悉操作过程中的工匠精神作用。

3. 掌握空间设计中的人文关怀和对特殊群体的关心。

 建议学时

3 ～ 4 学时

 相关知识

　　在空间设计中，手绘效果图是一个循序渐进的过程，即先绘制简单的设计理念草图，在确立设计理念的表达方式之后，将设计理念草图放大进行空间精细绘制，绘制设计草图。设计草图用于展现基本空间设计，如果后期使用数字建模制作空间效果图，可不绘制手绘效果图。如因制作时间限制或表达需要，不使用数字建模效果图，可通过设计草图的精细深化绘制形成手绘设计效果图。绘制各类效果图完毕后可使用手机、相机或扫描仪进行拍摄或扫描，然后使用图像处理软件进行图像的透视、色彩和清晰度等方面的调整。

一、认知手绘纸张及色彩工具

设计理念草图通常可使用两种纸张进行绘制。第一种为不透明的普通打印纸，也是复印时所使用的纸张。在使用打印纸绘图时，需要考虑纸张的重量。如 A4 打印纸张通常会有 70g/m^2 和 80g/m^2 等类型。该数字表示的意义为每平方米纸张的重量为 70 克或 80 克。相比之下，重量较重的纸张纤维强度较高，不易形成褶皱，部分纸张吸水吸油性能更好。第二种纸张是半透明的硫酸纸。因硫酸纸半透明的特性，可将其他图样置于底层并在上层放置硫酸纸进行描图。在图样深化过程中，硫酸纸将有很大的帮助作用。硫酸纸一般建议使用白色半透明的纸张，便于扫描后进行色彩处理。浅黄色等具有一定色彩的硫酸纸的优点在于易于形成统一的图像色调。相较于打印纸，在硫酸纸张进行上色，色彩会更浅淡，形成雅致的色调感。在绘图时根据制图需要选择合适的纸张进行绘画将有助于形成好的作品。

在制图过程中可选择马克笔、彩铅等工具进行上色。马克笔上色的优点为色彩浓度高、绘画速度快，在绘图前可使用马克笔制作色卡，如图 6-1 所示。色卡可使用不同纸张制作，如可制作打印纸色卡或硫酸纸色卡。

（a）

（b）

图 6-1 马克笔色卡图

（a）打印纸制作的马克笔色卡示意图；（b）硫酸纸制作的马克笔色卡示意图

马克笔上色过程中，对于有大面积填涂的地方，应使用马克笔快速连续绘制，避免一笔一笔绘制导致色彩重叠效果，两者绘图如图 6-2 所示。

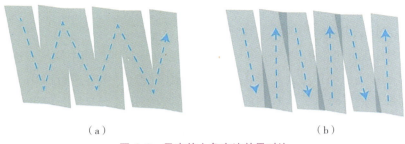

（a）   （b）

图 6-2　马克笔上色方法效果对比

（a）连续绘制效果图；（b）多笔绘制效果图

使用彩铅进行上色，色彩丰富程度较高。彩铅上色过程中，可使用彩铅绘制较大面积的色彩，然后使用其他色彩在大色块中添加色彩补充部分，形成效果如图 6-3 所示。

图 6-3　彩铅色彩绘制细节图

使用其他工具上色时，可根据使用工具的特性选择相应纸张进行绘制。

二、绘制设计理念草图

明确设计理念后，需要使用草图进行简单的表达。设计理念草图用来表达理念如何在各空间中实现。这类手绘草图可使用简单人物和场景进行。人物表达方式相对多样，可以在平日练习时多次绘制一整套相关动作的人物。

在表达空间理念时，除人物外只需要绘制简单相关场景，相关场景指与理念表达相关的场景元素、家具和尺度等。如人物在场景中休息，可以手绘简单的草图。

　　为表现理念中关于色彩部分或为了表现效果图美观性，推荐将设计理念草图上色。设计理念草图在上色过程中可以使用马克笔、彩铅等上色工具。初次上色时如果对上色方法不熟练，可先复印线稿，然后反复练习。上色过程中无须对色彩有特别高的色相或明度要求，可在后期图像处理过程中微调色彩。

（一）绘制设计草图

　　设计草图在设计理念图的基础之上进行绘制。在设计理念图中简易表达了空间与用户的关系以及相关的动作等，在设计草图中需要围绕这一内容进行深化。设计草图需要使用新的纸张进行绘制，在绘制前可使用铅笔等工具进行起稿，将设计理念图内容基本表达在底稿上，然后进行空间深化设计，包括添置家具、灯具和各界面赋予基本材料等。设计草图应基本展现空间整体状态。在线稿绘制后，可运用色彩工具进行色彩完善。

（二）绘制设计效果图

　　设计效果图在设计草图的基础上，具备更完善的空间细节展现，同时更具备特殊的手绘风格特色。对于未学习数字建模技术的设计师、设计时间不够充裕的设计项目或需要手绘表达特色的设计项目，可以使用手绘设计效果图进行表达。手绘效果图根据设计效果可使用不同风格。

（三）拍摄或扫描手绘图

　　在绘制完各类图后，可以使用相机、手机或扫描仪进行拍摄或扫描。

　　使用相机或手机拍摄时需要采用合理的布局和合理的光照。建议将图样贴于墙壁或垂直手拿图样进行拍摄，然后使用闪光灯或其他光源进行补光，如图 6-4 所示。通常将图样摊于桌面进行拍摄过程中，因顶灯光线被拍摄者身体所遮挡，会形成较大的阴影，后期较难处理，如图 6-5 所示。拍摄过程中建议进行多次拍摄，避免因图像不清晰需要进行二次拍摄。

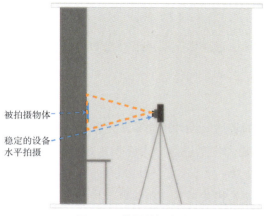

图 6-4　简易拍摄方法

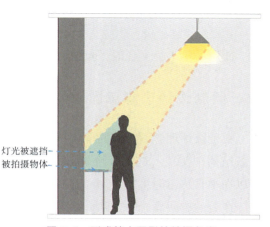

图 6-5　形成较大阴影的拍摄角度

使用扫描仪进行图像扫描将形成更好的图像效果。常用的扫描仪有 A4 或 A3 扫描仪。当扫描的图样大于扫描尺寸时，可通过多次扫描后期拼合的方法进行。例如绘制一张 A3 图样，使用 A4 扫描仪时，建议通过三次扫描进行图像拼合，即进行图样左侧、中间和右侧三张 A4 图像的扫描，然后通过图像编辑软件进行合成。

在进行硫酸纸扫描过程中，需要在扫描时在硫酸纸背部放置一张白色打印纸，以形成更好的图像扫描效果。因硫酸纸正反面均可绘制图案和上色，在扫描过程中需要区分扫描图的正反面。

（四）处理扫描图像

常用的扫描图像处理软件为 Adobe Photoshop 等软件。扫描图像通常按拼合图像、矫正图像透视、图像曲线调整、色彩微调等步骤进行。

1. 拼合图像

知识点讲解

处理手绘扫描图

以 A3 大小的绘制图像为例，对于需要拼合的图像可以在 Adobe Photoshop 中新建 A3 大小画布，然后分别导入图样左侧、中间、右侧三张纵向 A4 扫描图，使用羽化功能拼合图像，如图 6-6 所示。羽化命令后使用移动工具对其拼合图像，形成最后效果。

图 6-6　图像拼合过程图

2. 矫正图像透视

部分图像使用相机或手机拍摄过程中，具有一定透视，因此需要使用图像编辑软件矫正，使用以下三个方法之一即可。

（1）打开 Adobe Photoshop 软件并置入图像后，使用快捷键 Ctrl+A 选择图像全域，然后按快捷键 Ctrl+T 进行图像变形，此时右击图像中任一部位，出现菜单后，选择【扭曲】命令，如图 6-7 所示。使用鼠标拖动图像四个角上的拖动柄，以矫正图像透视。

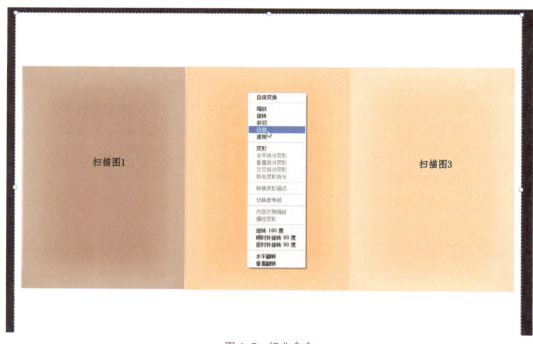

图 6-7 扭曲命令

（2）打开 Adobe Photoshop 软件置入图像后，单击【编辑】菜单，在编辑菜单中找到【透视变形】命令，如图 6-8 所示。

选择相应图形，并拖动四周拖动柄然后按回车键即可。

（3）打开 Adobe Photoshop 软件置入图像后，单击窗口左侧工具栏，在裁剪工具栏中找到【透视裁剪工具】，如图 6-9 所示。然后单击图中需要矫正的图像四个角点，按回车键或单击窗口上方状态栏中的钩即可，如图 6-10 所示。

图 6-8 透视变形命令

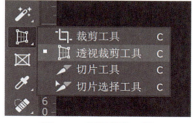

图 6-9 透视裁剪工具

3. 图像曲线调整

在 Photoshop 软件中找到【图像】菜单，在【调整】中找到【曲线】或使用快捷键 Ctrl+M 进行图像曲线调整，如图 6-11 所示。特别需要注意的是，拼合或有多图层的图像应在调整前拼合图层或选择合适的图层拼合图像。

图 6-10　状态栏中的提交按钮　　　　图 6-11　曲线命令按钮示意图

在曲线面板中合理调整曲线参数至图像显示清晰，白底效果较佳，如图 6-12 所示。

4. 色彩微调

在曲线调整后，可对亮度、色彩平衡等进行调整。在 Photoshop 中的【图像】菜单中，找到【调整】，在【调整】中找到所需的调整项进行调整，如图 6-13 所示。

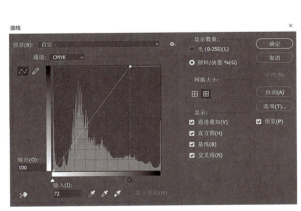

图 6-12　曲线菜单调整示意图　　　　图 6-13　色彩微调各类命令菜单示意图

在经过以上四个步骤调整后，根据图像具体情况进行最后调整，直至达到可以进行排版使用。至此，纸张手绘效果图的建立和编辑步骤基本完成。

实训步骤

使用马克笔或彩铅等工具手绘卧室或寝室透视图，并通过手机拍摄后到电脑优化处理。

步骤 1：使用铅笔绘制基本空间界面线条。

步骤 2：使用针管笔绘制人物和空间家具和设施，描绘空间界面线条。

步骤 3：使用马克笔和彩铅上色。

步骤 4：手机拍摄图样后在电脑中通过 Adobe Photoshop 软件优化图像。

 技能训练表

完成以上步骤后，手绘效果图完成，技能训练表见表 B-14。

 经验分享

1. 马克笔手绘过程中要考虑色彩纯净，可先上色浅色部分，避免浅色马克笔笔头受到深色污染。使用硫酸纸绘制时，可使用马克笔在硫酸纸上未绘制针管笔线条一面进行上色，有效避免浅色笔头受到针管笔污染。

2. 一套手绘效果图在进行电脑软件优化过程中应保持一致色调，可以其中一幅为标准开展后续优化处理。

任务 6-2　制作数位绘图板与平板电脑手绘图

 情境导入

　　小潘同学新买了平板电脑，对于手绘效果图跃跃欲试。张老师说不用着急，可以一步步来学习掌握绘制的方法。但是小高同学还没有买平板电脑，看到这种情况他很着急，那该怎么办呢？张老师说："没关系，不是一定要买平板电脑才可以，我们只要一个数位手绘板也可以数字化绘图。"让我们一起来看看该如何绘制。

 任务目标

　　知识目标：

　　1. 了解数位绘图板和平板电脑手绘效果图的基本流程。

2. 熟悉数位绘图板和平板电脑手绘效果图主体的绘制方法。

3. 掌握数位绘图板和平板电脑手绘中图层运用的原理。

技能目标：

1. 了解不同笔刷线条绘制技巧和绘制效果。

2. 熟悉笔刷调整方法和手绘笔使用技巧。

3. 掌握图层灵活使用技巧，能区分背景层、线框层、上色层和其他装饰物层等。

思政目标：

1. 了解设计师职业基本素养及职业道德。

2. 熟悉手绘过程中工匠精神对于精致效果的推动作用。

3. 掌握不断创新的开拓精神，能根据绘制需要寻找开拓全新绘制方法。

 建议学时

3 ～ 4 学时

 相关知识

一、制作数位绘图板手绘图

除使用纸张进行手绘外，具有数位绘图板硬件的设计师还可使用数位绘图板进行图像绘制和处理。

数位绘图板是输入型电脑设备，是电脑配件之一，不可单独运行。其相当于鼠标，需要配合软件和菜单界面进行。相较于鼠标，使用数位笔在数位绘图板上绘制，更利于形成优雅的曲线。市场上数位板价格不一，一般受绘图精度、敏捷度和舒适程度影响。设计师可根据实际需要选择合适的数位板进行绘图。

数位板绘图过程中需要配合绘图软件，一般可使用 Adobe Photoshop、Adobe Illustrator、CorelDRAW 等软件绘图。数位板绘图的好处在于直接在软件中绘图，省去图样扫描后的图像处理步骤。

（一）绘制设计理念图

在绘制设计理念图过程中，因图较小，且为方便后期排版，建议使用透明底色文档绘图。在新建文档窗口中，在右侧【背景内容】选项中选择【透明】，如图 6-14 所示。透明的绘制背景如图 6-15 所示。

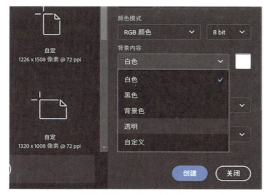

图 6-14 【背景内容】中的【透明】选项　　　　图 6-15 透明的绘制背景

（二）绘制设计草图和效果图

使用数位板配合软件绘制草图和效果图过程中，可使用不同笔触的线条绘制，在左侧工具栏中选择画笔工具，如图 6-16 所示。再通过选择工具栏中的 画笔预设按钮，打开画笔预设窗口，如图 6-17 所示。

在画笔预设窗口中找到合适的画笔绘制。

图 6-16 画笔工具菜单

二、制作平板电脑手绘图

具有平板电脑的设计师可使用平板电脑手绘。绘制时需要注意以下事项。

（1）使用平板电脑绘制时需要注意线条与整体画面的比例。因平板电脑中的图像可放大缩小进行绘制，因此对于幅面较大的效果图，图形线条不宜过细，避免在图像缩小后，线条因过细而消失，影响视觉效果。

（2）绘制过程中不宜使用过多类型笔触。过多类型笔触会使得效果图效果不佳，即本应以空间设计表达为主的效果转变为手绘技巧表达的效果图。不利于整体排版的同时，也容易造成画面绘图效果零碎。

（3）绘制过程中应采用多图层绘制，区分背景层、线框层、上色层、其他装饰物层等。不同的图层利于在后期编辑过程中能够快捷编辑，提高编辑效率。此外，不同图层的绘制还可进行不同色彩等方面的效果图对比。

图 6-17 画笔预设窗口

（4）设计空间中不同角度效果图绘制宜使用相同效果图尺寸。避免在后期排版过程中因图像比例尺寸不同，造成排版页面效果整体感不一致。

（5）平板制作手绘效果图的过程中，线条的书画感相比较纸张绘图因设备屏幕和绘图笔精度等会更加圆滑，部分细节绘制需要放大后操作。

实训步骤

利用数位绘图板或平板电脑绘制卧室或寝室。

步骤 1：绘制空间基本透视形态。

步骤 2：利用不同笔刷样式和粗细绘制家具、饰物及人物。

步骤 3：搭配风格色彩进行整体上色。

步骤 4：修饰部分细节，点缀物品表面高光。

技能训练表

完成以上步骤后，数位绘图板或平板电脑绘图完成，技能训练表见表 B–15。

经验分享

1. 数位绘图板和平板电脑绘图笔在绘制过程中轻重效果不同，可加强熟练程度，绘制更流畅精彩的笔触。

2. 利用色调调节功能可以进行多色彩风格的调整，在上色时不同上色部位可以建立不同图层便于后期色彩调整。

即测即练

模块 7
制作方案效果

模块 6 中学习了创作手绘和处理相应图像，已经能够形成空间的设计基础性表达，本模块在此基础之上形成更精致的静态效果图、动态影片和平立剖面图展现设计愿景。通过制作效果图、影片和平立剖面图，更细致地展现空间设计中的细节处理、材质表达、光照效果等。本模块的成果作为后期项目综合排版的素材，是模块整体展现重要的环节。

模块提要

本模块讲授制作效果图、影片和平立剖面图的过程与技巧，主要包含制作渲染空间效果图和制作影片两个部分。在制作渲染空间效果图中，阐述了制作渲染室内、景观、展示设计效果图的技巧以及包含了制作全景图片的过程介绍。在制作影片部分中，按照整体制作顺序从初步制作、收集素材到快速剪辑与配音，再添加文字和字幕，最后选择合理参数导出影片。彩色平立剖面图主要介绍彩色平面图、立面图和剖面图的制作方法。

模块思维导图

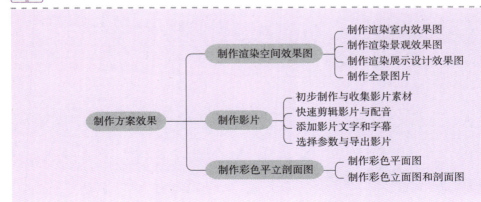

 **建议学时**

12 ～ 18 学时

任务 7-1　制作渲染空间效果图

 情境导入

　　小高同学和小潘同学手绘效果图后想要有更真实的效果图以表达空间的设计理念和细节，为此他们开始学习使用建模软件虚拟场景并渲染形成真实的氛围。张老师告诉他们制作渲染空间时不仅要仔细设计，更要不断积累经验，才能更快速制作理想的渲染效果。

 任务目标

知识目标：

1. 了解渲染空间效果图常用软件和操作方法。

2. 熟悉空间细节建模的操作步骤。

3. 掌握整体空间导入素材的方法。

技能目标：

1. 了解空间制图、建模和渲染软件之间的协作技巧。

2. 熟悉制作效果图的基本建模和渲染技巧。

3. 掌握材质的贴图和细节调整技巧。

思政目标：

1. 了解设计师职业基本素养及职业道德。

2. 熟悉工作过程中的团队分工，培养团队合作能力。

3. 掌握建模过程中的细节把控能力，培养工匠精神。

 建议学时

4 ～ 6 学时

相关知识

一、制作渲染室内效果图

数字空间主体模型设计指能够围合或独立形成空间主体的界面或是能够起到空间分隔、围合等作用的体积体块等。数字空间主体模型在整体完善前不需要对植物、人物、车辆等配景物建模。该主体模型设计过程主要分为主体建模场景模拟、空间改造形式应用、主体设计细节完善三个步骤，可以使用三维建模软件编辑，常见的三维建模软件有 3Ds Max、SketchUp、Rhino、Maya 等。

根据效果图制作的需要，可以根据场景选择全局渲染或局部渲染。全局渲染指进行整体场景模型的建立并对天空等环境进行渲染，适合进行完整建模的场地。这类渲染模型通常也可制成渲染动画或 VR（虚拟现实）全景。局部渲染指对部分具有体积的建构筑物、家具及环境进行渲染，以便模拟出光线照射和阴影等，并在渲染后使用图像编辑软件对天空、植物、环境、人物等进行合成处理。局部渲染的渲染效率相对于全局渲染更高，但后期处理使用的素材需要更丰富。通过图像软件裁剪的照片素材，因其自身的真实效果，合理拼合后可以增强效果图真实的氛围感。针对不同的装饰场景进行分析，并根据场景复杂程度和设计的要求选择合适的渲染方式有利于提高效率。

数字模型渲染常用的渲染器有 Lumion、V-ray、Enscape、KeyShot 等，根据渲染模式分为实时渲染和非实时渲染两种类型。实时渲染的软件对于电脑硬件配置要求较高，可通过实时渲染直观看到渲染后的效果。非实时渲染软件只能预览大致效果，光影、凹凸等表现需要渲染后才能展现。相比较之下，实时渲染软件更有利于设计师实时调整设计，非实时渲染软件降低了对于电脑的硬件要求。

数字模型渲染根据渲染方式主要分为本地渲染和云渲染两种类型。本地渲染指通过线下的电脑进行效果图渲染，其速度基本取决于渲染的电脑配置，配置越高，渲染速度越快。云渲染的效率主要根据网速和服务终端的硬件配置决定，服务终端的配置越高，整体渲染也就越快。对于电脑配置不高的情况，使用云渲染可以提高整体效率。

根据调研测量结果在初步建立建筑空间时，主要有两种方法。

方法一：使用 AutoCAD 进行三维建模、渲染。

第一步：通过调研，可在 AutoCAD 三维空间中，建立基本模型。打开 AutoCAD 软件，使用三维模板新建文件，选择"acad3D.dwt"，如图 7-1 所示。

第二步：绘制线框平面图，如图 7-2 所示。

知识点讲解

民宿卧室空间装饰设计（CAD）

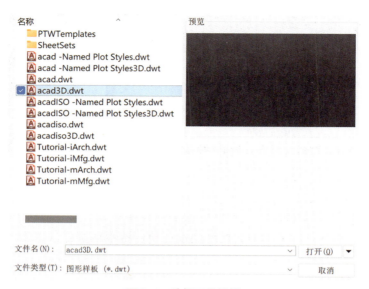

图 7-1　选择三维模板

图 7-2　绘制线框平面图

第三步：打开【三维工具】面板，如图 7-3 所示。单击其中的【拉伸】按钮，如图 7-4 所示，或使用 EXT 快捷键。

图 7-3　三维工具面板

单击需要拉伸的线条，即可向上拉出空间各个平面。

第四步：使用矩形建立横向的门和窗体块，如图 7-5 所示。

图 7-4　拉伸快捷键

图 7-5　建立门和窗体块

第五步：单击【三维工具】面板中的【差集】按钮，如图 7-6 所示。鼠标选中墙体体块，按空格键，再单击中间新增的窗体块，按空格键确认操作，形成窗洞，如图 7-7 所示。

图 7-6　差集按钮

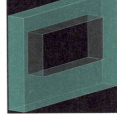

图 7-7　窗洞示意图

根据此类方法建立所有门窗洞口。

第六步：设计背景墙及其他界面造型，如图 7-8 所示。

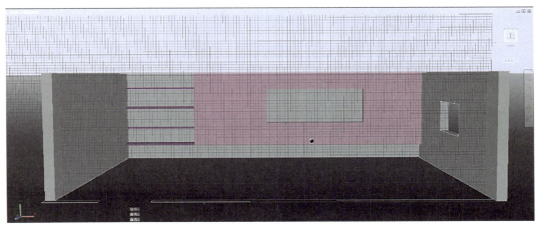

图 7-8　设计背景墙及其他界面造型

第七步：单击【可视化】选项卡中的【材质浏览器】，如图 7-9 所示。材质浏览器界面如图 7-10 所示。

在材质浏览器中选择合适材质，贴于各模块，如图 7-11 所示。

图 7-9　材质浏览器按钮

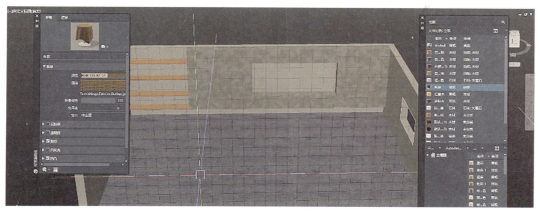

图 7-10　材质浏览器

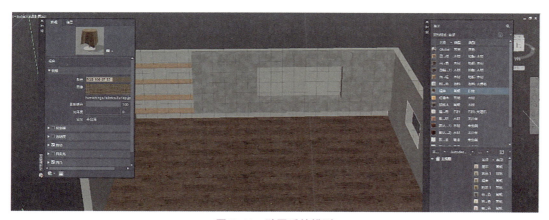

图 7-11　贴图后的模型

第八步：置入并合理摆放家具、软装、灯具素材。

导入各类家具、软装、灯具材料，如图 7-12 所示。

第九步：建立光源、设置照明参数并调试。

在【创建光源】面板中选择合适的光源，如图 7-13 所示。在窗口中合理布置，并适当调整光源参数，如图 7-14 所示。

布置光源后，整体效果如图 7-15 所示。

第十步：建立相机视角。

知识点讲解

计算照明设计

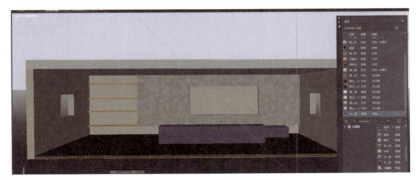

图 7-12　导入素材后的效果

图 7-13　创建光源菜单

图 7-14　光源参数设置

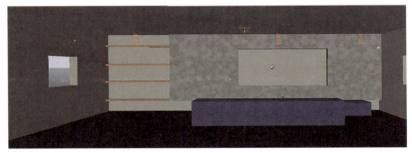

图 7-15　布置光源后的效果

在【相机】栏中，选择创建相机，如图 7-16 所示，然后在界面中设置好相机视角。

创建相机后，可在【视图】选项卡中，选择相应的视角，如图 7-17 所示。

切换至相机视角，查看未渲染前的效果，如图 7-18 所示。

第十一步：渲染效果图。

在【可视化】面板中找到【渲染到尺寸】，在下方可勾选相应的渲染尺寸，在右侧可选择渲染的精细程度等相关操作，如图 7-19 所示。

渲染后效果图如图 7-20 所示。

图 7-16　【创建相机】按钮

图 7-17 【视图】选项卡内的视角

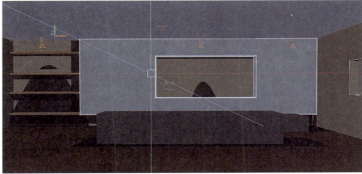

图 7-18 相机视角

图 7-19 渲染参数设置

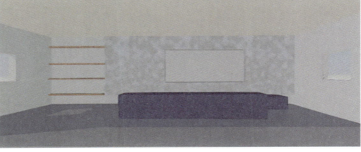

图 7-20 渲染后效果图

第十二步：后期图片修饰。

后期使用 Adobe Photoshop 软件进行修饰，修饰后效果如图 7-21 所示。

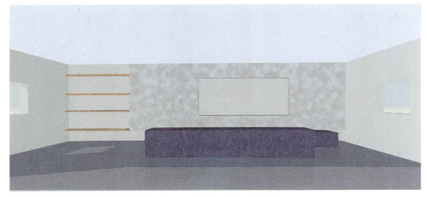

图 7-21 修饰后的图片效果

方法二：使用 AutoCAD 或 SketchUp 制作基本图样，在 SketchUp 或 3Ds Max 等建模软件中建模渲染。本案例以 SketchUp 为主进行讲解。

　　第一步：在 AutoCAD 软件中设计二维图样，对已有图样的方案进行简化，去除尺寸线、门窗开启线、文字标注、标高等其他在建模中不需使用的标注。设计或简化后的图样如图 7-22 所示。如选择直接在 SketchUp 软件中进行平面设计，设计完后则直接进入下述第四步。

知识点讲解

民宿卧室空间装饰
设计（SU）

　　第二步：导入图样。在文件【菜单】中找到【导入】按钮，如图 7-23 所示。

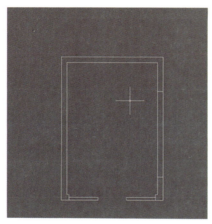

图 7-22　简化完的图样

图 7-23　导入按钮

　　打开相应 AutoCAD 图样文件，导入界面中，如图 7-24 所示。

图 7-24　导入 CAD 图样后效果

第三步：进行封面处理。使用直线工具描绘图中线条进行封面处理，封面处理后效果如图 7-25 所示。

第四步：制作空间墙体。双击需要拉伸体块的封闭面，右击选择【创建群组】，如图 7-26 所示。

逐步拉升各个体块，形成完整的空间墙体，如图 7-27 所示。

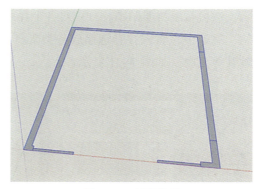

图 7-25 封面处理

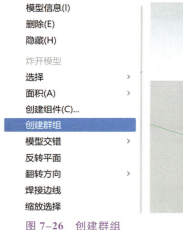

图 7-26 创建群组

图 7-27 拉升墙体后的效果

第五步：制作空间门窗洞。在墙体组中用直线工具绘制门、窗洞的大小，并使用【推 / 拉】功能制作门窗洞。如图 7-28 所示。

第六步：制作空间特色界面，赋予材料贴图。在空间中制作特色界面或造型，如图 7-29 所示。

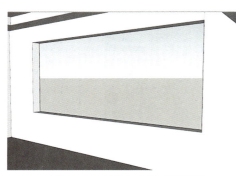

图 7-28 制作门窗洞后效果图

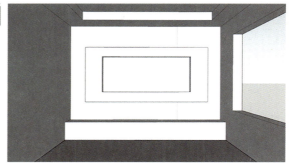

图 7-29 制作特色界面或造型

然后赋予材质贴图，分别对各个界面进行材质贴图，如图 7-30 所示。

第七步：置入并合理摆放各类素材。在场景中置入并合理摆放家具、门窗、灯具、软装等素材，如图 7-31 所示。

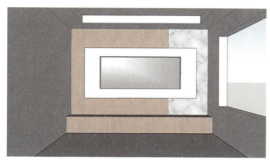

图 7-30　空间材质贴图后效果　　　　　　图 7-31　置入素材后的效果

第八步：使用 Enscape 建立光源并设置照明参数。使用 Enscape 建立光源，如图 7-32 所示，设置照明参数，如图 7-33 所示。

图 7-32　建立光源　　　　　　　　图 7-33　设置照明参数

第九步：调整视角并渲染效果图。使用鼠标调整视角，并按"渲染"按钮进行渲染，如图 7-34 所示。渲染后效果图如图 7-35 所示。

图 7-34　调整视角后的场景

图 7-35　渲染后的效果图

第十步：后期修饰图片。使用Adobe Photoshop对全方位进行修饰，如图7-36所示。

图 7-36　后期修饰图片

二、制作渲染景观效果图

以乡村庭院空间装饰设计为例进行设计。模拟主体建模场景，主体建模主要由地形、建构筑物和景观元素组成。

知识点讲解

地形建模设计

　　第一步，建立地形。整体地形的制作可依据大型地理数字模型、等高线图样或地形图样等。地形建模过程中应特别注意等高线数值和坡度走向数据，以准确表达地面的整体倾斜程度。地形制作过程中对于地面的排水沟渠等应合理建模，以便在设计过程中合理考虑排水，缓解后期庭院地面排水不畅、道路湿滑泥泞等问题。地形建模后效果如图 7-37 所示。

图 7-37　地形建模示意图

　　第二步，在地形建模的基础上，使用建构筑物设计及完工时的虚拟模型或依据准确测量结果建立建构筑物的模型主体。建构筑物建模过程中，需要在主体上建立相应尺寸和形状的屋顶、柱、门、窗、洞口及其他相应要素。外墙的装饰元素和色彩等尽可能在虚拟模型中还原，这些要素会对空间装饰设计产生一定影响，详细地在虚拟模型中展现细节将有助于整体设计效果的提升。建构筑物建模效果如图 7-38 所示。

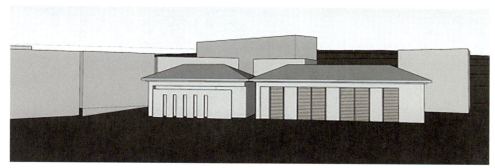

图 7-38　建构筑物建模后示意图

　　第三步，在地形地貌及建构筑物模型建立后，需要根据项目场地的测量对景观元素进行建模，包括花坛、水池、雕塑、桌椅、花架等相关设施和家具等。其中需要被改造的部分可以待改造方案确立后进行细节建模。部分具有年代感和文化内涵的现有装饰物可以通过建模的形式体现在空间中，以便后期设计时形成更好效果。此时应将建立好的初始模型进行备份，以便在后期设计中多次使用。第三步效果如图 7-39 所示。

图 7-39　建立相关设施和家具后示意图

　　第四步，进行空间改造形式应用。建立主体模型后，根据设计理念和形式设计的方法进行主题、风格、形状和色彩等方面的设计，即空间装饰过程中采用统一的主题形式、风格形式、形状样式或色彩形式等，根据视觉规律组织具有相同特性的装饰元素组合形成空间改造样式，如图 7-40 所示。

图 7-40　空间改造形式应用

　　模型设计中可以参考相关主题和风格的方案。经济合理、取材环保、结构稳固等方式是空间改造中需要遵循的原则。在数字建模过程中，建模设计师可以通过借鉴相关类似方案进行设计和建模的研究，对于主题的表现、风格的表达、形状的组合、色彩的搭配和选用等方面进行研究，以便在操作过程中达到更高工作效率。

　　在研究同类案例和前期形式设计基础上，进行虚拟建模软件中的装饰形式风格应用，数字模型操作过程主要包括老旧元素移除、新元素添加和部分元素改造三个部分。

　　老旧元素模型的移除在数字建模过程中可以将原有元素放置在模型闲置或空白区域，辅助后期其他素材编辑。新元素添加主要来自素材文件导入和自建素材。素材文件导入过程中需要注意素材文件相关的比例和尺度，避免在缩放和调整过程中不协调。

　　添加的新元素中尽量避免导入植物、布料等建模块面较多的素材，会造成模型存储容量迅速变大，同时程序操作变得卡顿。由于素材模型的形状欠缺真实感，渲染的效果也会破坏最后的整体氛围，不建议将这类素材在模型中应用。新元素添加过程中使用自建组件的，需要在模型中建立群组并在"群组"模式中建模，避免组件素材的散乱造成后期编辑时的操作不便。

部分组件素材采用改造设计的形式，需要首先考虑实际施工难度和工艺手法，需要在对原始实体装饰素材具有直观认知的基础上进行，减少后期反复修改施工方案。对原有元素添加建材的，需要考虑材料连接和组装的形式，尤其是对具有危险和重量较重物体的连接性设计。对于原有材料需要进行切割或者打磨的改变，需要考虑材质的硬度，减少因施工方法不当导致的素材损坏。建模改造设计过程中也需要充分与方案设计师进行沟通，避免数字建模与设计理念和目标的差距。

第五步，在完成老旧元素移除、新元素添加和部分元素改造三个部分后，建模设计师需要对大场景统一整合，避免多个操作过程中对总体效果造成的影响。例如将自建组件的形状适当连接，避免出现装饰线条对不齐、装饰图案错位等问题。此时特别注意，因部分装饰构件为成品采购，不能在效果微调时进行形状和色彩的微调，否则在实际施工后会产生效果不佳的问题。在数字建模过程中应尽可能追求真实色彩和形状，以便在其他方面能够进行合理调整，施工后达到最佳装饰效果。第五步完成后模型如图 7-41 所示。

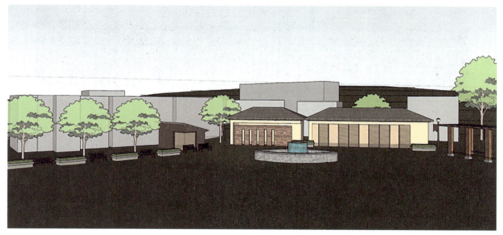

图 7-41　大场景整合效果图

第六步，进行主体设计细节完善。对插入元素组件进行整合后，还需要对主体设计的细节进行完善，如对模型中主体物和装饰物的材料收边和结合、衔接连接处的处理等方面。建模设计师在设计过程中对于施工实际产生的细节处理进行合理表达，可以更好减少细节处理对整体效果的设计影响。例如部分装饰品需要在施工过程中对于边缘部分打胶的，需要考虑打胶的色彩和方式等。这些设计细节在模型中的增加有助于效果图渲染后形成更为真实的效果。第六步最后效果如图 7-42 所示。

图 7-42 主体设计细节完善

三、制作渲染展示设计效果图

本案例以 3Ds Max 作为主要软件进行建模，案例为乡村文创产品展示空间。

知识点讲解

乡村文创产品展示空间（上）

（一）展示空间建立

（1）打开 3Ds Max 软件，将系统单位设置为"毫米"。使用矩形工具制作空间的底面。设置相应的长度和宽度，如图 7-43 所示。

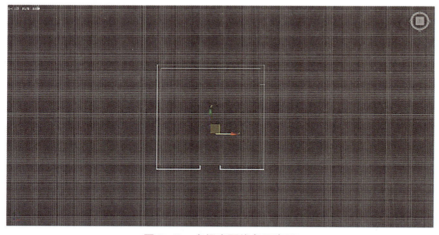

图 7-43 空间底面线条示意图

（2）选择上一步中创建的矩形，单击进入修改面板，在修改面板中，选择下拉菜单中的"编辑样条线"命令，如图 7-44 所示。

（3）选中上一步图形后，打开修改面板，在列表中找到"挤出"命令。在编辑框中输入空间高度，如图 7-45 所示。

图 7-44 添加"编辑样条线"命令

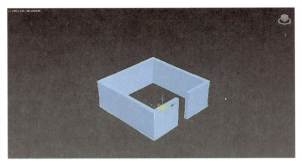

图 7-45 挤出墙体后的效果图

（4）制作门框门洞。首先建立与门窗洞相同大小的长方体，如图7-46所示。然后采用布尔运算方法，通过拾取墙体与门洞，进行运算。各门窗洞要分开进行多次布尔运算。运算完后效果如图7-47所示。

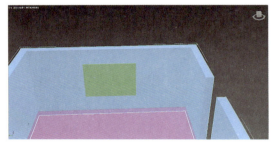

图 7-46 建立门窗大小的长方体

图 7-47 布尔运算后的门洞效果图

（5）制作门窗。根据门窗洞大小建立相应大小的矩形，绘制矩形后同样添加"编辑样条线"命令，如图7-48所示。

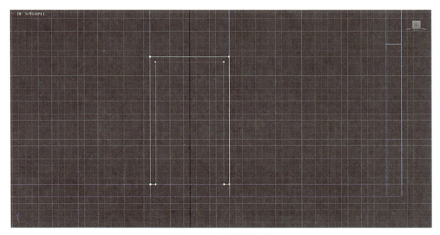

图 7-48 门窗洞矩形

然后选择线框下方的线段进行删除，如图 7-49 所示。

图 7-49　删除线段后的门线条

单击"轮廓"工具，建立图形外框，效果如图 7-50 所示。

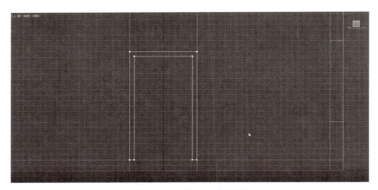

图 7-50　建立轮廓的门

同样在修改面板中，添加"挤出"命令，在数值框中输入门框的宽度，如图 7-51 所示。

使用矩形制作门，效果如图 7-52 所示。可适当添加门把手或直接导入相应建模的门体。

图 7-51　挤出门框后的效果图

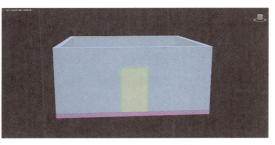

图 7-52　制作矩形门体

将门制作后，复制到另一侧，并进行镜像，效果如图 7-53 所示。

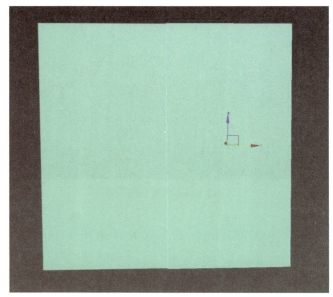

图 7-53　门体镜像效果

使用相同原理和方法制作窗户，效果如图 7-54 所示。

（6）制作空间顶部与底部。使用长方体工具，在视图中建立与墙体尺度一致的长方体作为空格键顶部，并通过复制建立空间底部，如图 7-55 所示。

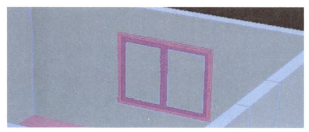

图 7-54　窗户制作效果图

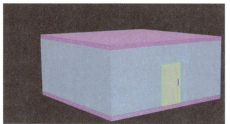

图 7-55　空间顶部底部制作后效果图

（7）制作空间线脚。线脚包括顶部线脚和底部贴脚线。使用样条线在视窗中绘制线角平面图形，绘制时需要注意线条闭合程度，如图 7-56 所示。

使用路径工具绘制线脚截面图，如图 7-57 所示。

选择这个截面，然后单击"放样"工具，在创建方法栏中选择"获取图形"工具，单击线脚的平面样式线框，形成放样图形，如图 7-58 所示。

使用同样方法制作底部线脚，如图 7-59 所示。

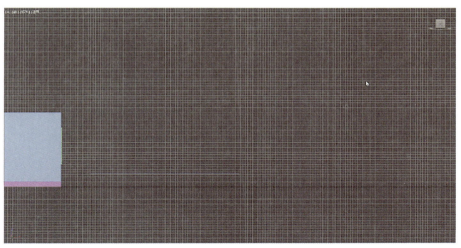

图 7-56　线脚形式

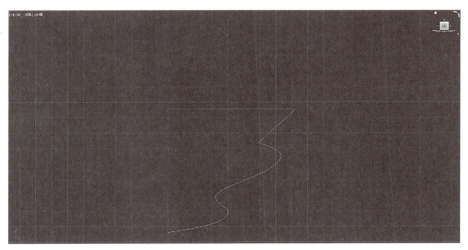

图 7-57　线脚截面图

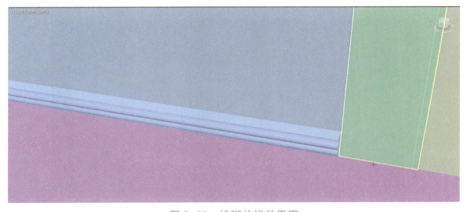

图 7-58　线脚放样效果图

图 7-59　空间制作底部线脚后效果图

（8）制作吊顶。根据设计需要制作方框形吊顶，可使用挤出等方法制作，如图 7-60 所示。

图 7-60　方形框

通过缩放工具复制相应的方形框，适当改变各个框的厚度，形成具有层次感的吊顶，如图 7-61 所示。

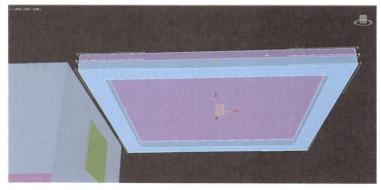

图 7-61　多层次方形框的效果

根据展位需要设计其他吊顶造型，设计后如图 7-62 所示。

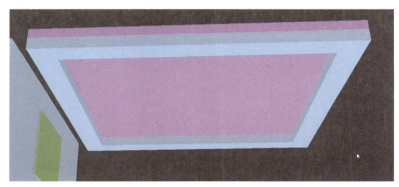

图 7-62　设计吊顶后综合效果图

（9）设计顶部灯具。在顶部安装相应灯具，可插入各类灯具相关模型，安装后如图 7-63 所示。

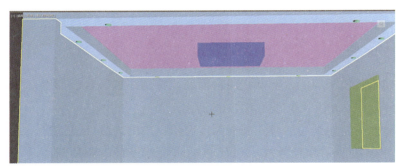

图 7-63　安装灯具后模型效果

（10）多层次墙体制作。使用多边形工具绘制前端装饰墙体，并通过"挤出"命令形成墙体厚度，根据设计装饰墙体，最后效果如图 7-64 所示。

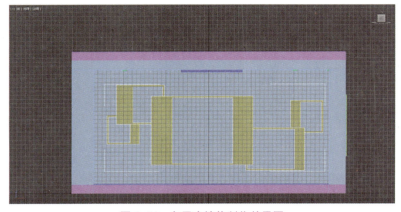

图 7-64　多层次墙体制作效果图

（11）三维文字添加。在创建面板中创建相应文字，字体不应过于复杂，应易于识别。然后通过挤出命令形成墙上装饰字，如图7-65所示。

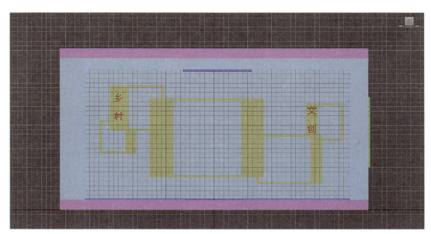

图7-65　三维文字添加效果图

（二）展具建模

1. 制作展台

使用圆柱体制作相应展台下部和展台面层。特别注意展台下部应合理设置展台边角。建模效果图如图7-66所示。

使用同样方法制作其他展台。展台高度可根据空间现场效果进行标准化调整，即按照采购尺寸或木板尺寸进行合理设置，效果图如图7-67所示。

知识点讲解

乡村文创产品展示空间（下）

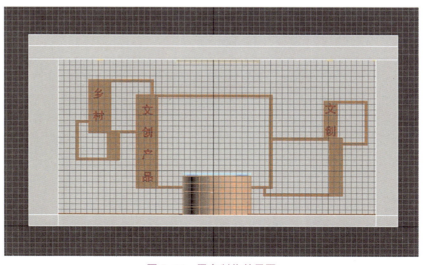

图7-66　展台制作效果图

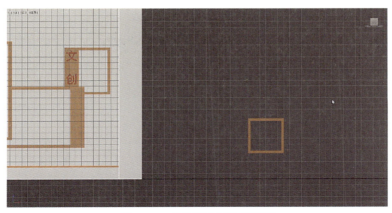

图 7-67　其他展台制作效果图

2. 展柜设计

使用矩形和圆柱体制作玻璃展柜，制作效果图如图 7-68 所示。也可使用展柜建模素材。

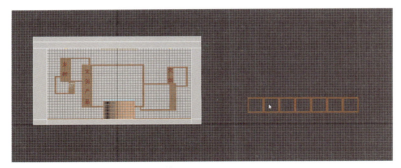

图 7-68　展柜制作效果图

3. 展架设计

使用展架素材或使用长方体制作靠墙的展架，效果如图 7-69 所示。

图 7-69　展架设计效果图

4. 数字媒体设备建模

对于投影仪、投影幕布和电视机等，可以将相关素材导入空间中，如图 7-70 所示。

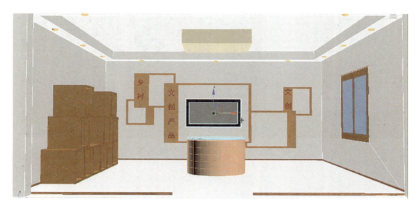

图 7-70　数字媒体设备建模效果图

5. 添加灯光

根据建立好的各类展具，在展具内外设立合理照明器具，如图 7-71 所示。

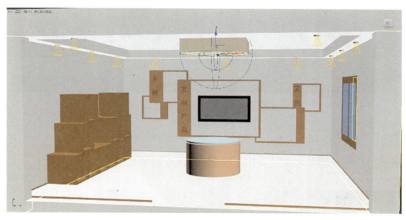

图 7-71　灯光添加后效果图

（三）加入展品模型

1. 可导入已有展品模型

对于需要展示的产品已经有电子模型的可以直接导入，导入前尽量检查模型的分面数量和整体模型大小，避免多个模型导入后运算量过大。导入效果图如图 7-72 所示。

2. 建模展品模型

可根据展品样式通过多种方法进行建模，如图 7-73 所示。

图 7-72　导入已有展品模型效果

图 7-73　各类展品模型建立

（四）加入空间辅助设施

1. 窗帘

一般展示空间使用室内光源，不使用户外光线，因此可适当建立窗帘。建立窗帘后效果如图 7-74 所示。

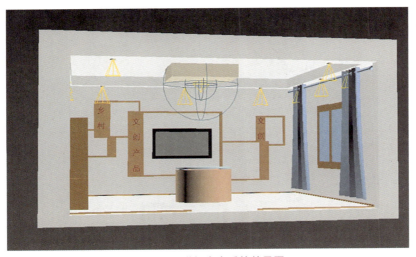

图 7-74　增加窗帘后的效果图

2. 地毯

导入地毯素材或通过建立长方体等制作地毯。添加地毯后如图 7-75 所示。

3. 休息桌椅

根据展览空间总体规划，在适当位置添加休息桌椅，如图 7-76 所示。

4. 售卖台

在文创展示空间中一般会设置相应售卖台，可根据需要建立或导入售卖台，如图 7-77 所示。

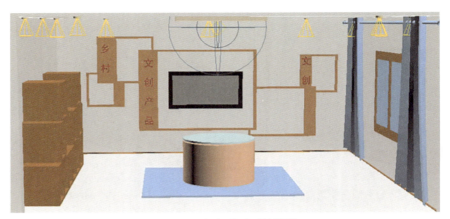

图 7-75　添加地毯后效果图

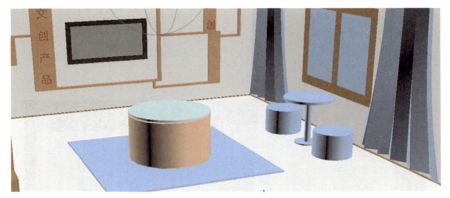

图 7-76　添加休息座椅效果图

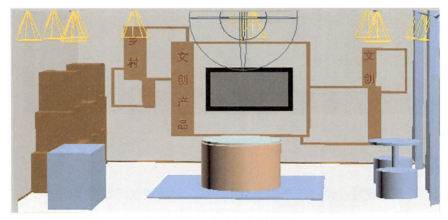

图 7-77　售卖台导入后效果图

5. 空调

乡村展览空间中主要有中央空调和柜体空调两种类型，可根据设计需要导入合适的空调模型。如图 7-78 所示。

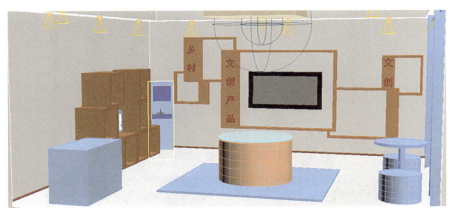

图 7-78　导入空调模型后的效果图

（五）效果渲染

1. 添加材质与调整参数

在以上步骤全部制作完毕后，可进行材料贴图。根据渲染器的需要选择合适的贴图类型。例如使用 V-ray 渲染器时，需要使用 V-ray 贴图进行。贴图参数可根据贴图文件进行导入直接使用或根据空间效果进行适当调整，贴图后效果如图 7-79 所示。

图 7-79　空间总体贴图后效果

2. 效果渲染

使用渲染器进行效果图渲染。在渲染调试时，可将效果图缩小分辨率进行快速预览，如图 7-80 所示。

图 7-80　缩小预览效果图

　　若发现效果图中出现"死黑"现象，可使用各类灯具进行适当补充，优化效果图灯光效果。此外若物体立体感不明显，还可适当调整照明灯光的冷暖度，通过冷光与暖光照明的结合，形成更为立体的视觉效果。渲染后效果图如图 7-81 所示。

图 7-81　渲染后效果图

（六）后期氛围与情感效果完善

　　（1）在初步渲染后，可使用图像编辑软件深化处理，添加氛围装饰物、调整氛围色调、增加氛围蒙板等都可以起到良好的效果，如图 7-82 所示。

　　（2）氛围装饰物除了场景中长期放置的物品外，还可以适当放置节庆活动临时装饰物等。在乡村空间装饰中，可以适当考虑二十四节气等农作相关节庆进行临时性氛围装饰。这些氛围装饰不仅能烘托空间氛围，还能体现空间的节庆实用性，如图 7-83 所示。

图 7-82　添加氛围后的效果

图 7-83　添加节庆装饰物后的效果图

四、制作全景图片

全景图片是立足于空间一点位，并能看到四周及上下空间环境景象的图片。该图片较普通的空间效果图，能够更全面反映空间的整体环境，也是互动体验较好的素材文件。全景图片主要有以下三个优势。

（一）强大的视觉感官

全景图片是通过平面图片形成三维视觉效果的一种载体，能够在全景软件中形成全域的视角，基本还原了三维的真实感官，更全面展现空间设计布局和细节。通过多个全景图片的组合，能快速直观了解全景布置的情况。相较于其他空间体验形式，全景图片制作和体验更为简便。

乡村空间装饰设计通过全景图片展现能从视觉上全方位为设计师、施工人员、业主和游客等提供直观的空间设计布局和效果，便于及时发现空间设计问题和制订空间优化及改进措施等。

（二）VR 互动体验感强

全景影片能够使用 VR 设备体验环游模式和视点跟随模式。在环游模式下，用户能更全面轻松地观览全方位环境；使用视点跟随模式，用户可以通过视角移动，观赏到虚拟空间场景中的相应视角，互动体验感强，视觉感官更真实。

乡村空间装饰设计通过 VR 设备观看，可为远程的观众提供空间视觉体验，让更多的人在各种情况下能安全地远程游览乡村空间。

（三）创造全新商机

在全景图片中可加入商业广告及相关链接或将广告场景制作为全景体验，可形成体验式广告让用户参与，这些形式创造了全新的商业空间。使用全景图片将更好地为乡村产业提供推广和销售的渠道。

 实训步骤

渲染全景图片在完成建模后，可以使用 Lumion 等软件导出全景效果图，本案例以 Lumion 软件讲解为主。

步骤 1：选择右下角【360 全景】模式，如图 7-84 所示。

步骤 2：在 360 界面，用鼠标调整好预览窗口的相机视口后，单击左下角的【保存相机视口】，如图 7-85 所示。

知识点讲解

渲染及发布全景
图片

步骤 3：保存好所有的相机视口后，单击右侧的【渲染所有的 360 全景】，如图 7-86 所示。

步骤 4：在渲染所有的 360 全景界面中，选择相应的输出品质、是否使用立体眼镜、目标设备及渲染的分辨率，然后进行渲染，如图 7-87 所示。

图 7-84 360 全景模式

图 7-85 保存相机视口

图 7-86 渲染所有的 360 全景
按钮

图 7-87　渲染所有的 360 全景界面

技能训练表

完成以上步骤后，渲染全景图片完成，技能训练表见表 B-16。

经验分享

1. 制作效果图过程中选择的平视视角有助于后期编辑排版，避免不同效果图中视线高度不一致导致的排版综合视觉混乱的问题。

2. 部分渲染图制作后还会有细节问题，后期可使用图像编辑软件进行合理编辑，避免浪费大量时间调整细节反复渲染。

任务 7-2　制作影片

情境导入

小高同学和小潘同学用了大量时间建立了虚拟空间，他们问张老师："如果我们想制作空间的影片是否可以呢？"张老师说："空间效果影片比效果图更直观地感受整体空间的效果和氛围，我们巧妙制作还能形成电影场景的效果。"小高同学和小潘同学听后对制作更感兴趣，他们便开始逐步学习。

任务目标

知识目标：

1. 了解初步制作与收集影片素材的过程与方法。

2. 熟悉快速剪辑影片和配音的方法。

3. 掌握添加影片文字和字幕及选择参数导出影片的方法。

技能目标：

1. 了解影片制作过程中时间轴灵活运用的技巧。

2. 熟悉剃刀工具的使用技巧。

3. 掌握影片文字和字幕的样式修改技巧。

思政目标：

1. 了解职业基本素养及职业道德。

2. 熟悉影片细节过程中细致画面调整中体现的工匠精神。

3. 掌握视频剪辑过程中的团队协作精神。

 建议学时

4 ~ 6 学时

 相关知识

一、初步制作与收集影片素材

乡村空间需要制作影片的项目根据选题方向可以分为商业项目和竞赛项目两类。从展示内容上看，一般可分为项目设计展示和项目参与过程两类。

（一）项目设计展示素材基本制作与收集

项目设计展示素材主要包括原始场地视频、虚拟模型视频和效果图等。

原始场地视频在拍摄过程中应保持视线稳定、画面镜头清晰没有眩晕感。在进行基本微调处理后可作为素材在视频中使用。

虚拟模型视频可使用虚拟建模软件渲染后导出，如 Lumion、Enscape 等软件都可渲染出出色的视频动画效果。渲染视频的时候，应考虑原始场地视频拍摄角度的视觉观看情况，如能保持一致的动态，将为后期视频中的效果对比提供条件。在渲染过程中如能够制作特殊季节或夜景的视频，将更具有特色，但需注意的是，尽量避免出现昏暗的黄昏等，整体色彩过黄，物体阴影也长，整体视觉感不是最优。此外设计方案时，

148

方案具有一定风格，渲染的视频如能使用素材和滤镜配合风格的展现，将更好地突出方案设计的亮点。在渲染视频过程中可适当添加人物和汽车等素材，丰富场景气氛，但数量不宜过多，避免遮挡设计的环境效果。

在视频展示中，可适当使用静态的效果图，展现出更出色的场景效果。静态效果图在使用图像编辑软件后，表达细节、色调形式等都可以达到较为理想的状态。在视频中展现 3 ~ 5 张优美的效果图将给人留下深刻的印象。

（二）项目参与过程素材基本制作与收集

项目参与过程包括项目选题、现场调研走访、调研分析、设计讨论、效果初步汇报演练等。这些过程在基本制作中应注意以下技巧。

1. 突出表达重点

制作项目过程视频会有一定目标性，如展现调研过程的科学严谨及工匠精神或是展现全体成员的团队协作精神，也可以是表达设计项目的不易，表达设计者的坚韧不拔的意志，又或是不断成长和学习的经历等。确立表达重点后，收集相应素材或是将素材进行排序可以为后期的剪辑创造良好的基础。

2. 选用大场景拍摄易于连接故事情节

在收集素材过程中，选用一些大场景的视频或照片，有助于展现更完整的细节，增加故事情节感。根据大场景进行素材整理，让观看视频的观众易于了解整体情况，将有助于连接故事情节。

3. 拍摄的素材人物与景物需要结合展现

在有充足条件的情况下，可根据环境设计风格对人物进行相应风格的美妆，并配合相应风格的衣物及配饰。人物与环境风格相搭，可适当拍摄以人物为主体的短片段，以丰富只以环境摄制为主的视频情节。

4. 收集尽可能多的故事

在项目基本调研过程中，可收集业主、邻居、产业或是文旅相关的故事。通过这些故事的素材准备，可逐渐转变为视频的编导主线。在条件允许的情况下，应多拍摄与故事情节相关的片段供剪辑用。

二、快速剪辑影片与配音

视频剪辑可使用 Adobe Premiere、会声会影和 Final Cut 等软件，本任务以 Adobe Premiere 为例进行影片剪辑和配音的初步讲解。

知识点讲解

快速剪辑影片

（一）确定视频总长和制作思路

在剪辑视频前，根据用途选择合适的时长。视频根据时长分为以下三类。

1.用于方案答辩用的快速视频，时长控制在 50 ～ 60 秒

方案答辩项目相对时间较短，主要时间用于演示文稿的讲解。制作方案答辩用的视频，不适合较长时长，会占用答辩时间，建议此类视频制作在 50 ～ 60 秒。此类视频因时间较短，适合按照方案设计步骤或时间顺序等进行制作。

2.用于简短宣传方案的视频，时长一般在 5 分钟内

简短宣传方案视频主要有两个用处：①作为单独视频播放进行简短宣传介绍和展示。②作为综合视频的一部分片段剪辑后合成。根据这两种使用需要，一般此类短视频的时长控制在 5 分钟内。此类视频需要突出方案的创新点和主要空间的亮点。

3.用于完整方案宣传的视频介绍，时长根据素材总长确定

作为中大型项目，可将视频的总时长适当延长，但需要注意的是时间过长的视频会导致观众的兴趣程度下降等问题。此类视频剪辑更为灵活，可加入一定故事，使用倒叙、插叙等手法编辑视频。

（二）置入主要视频片段、图片

打开 Adobe Premiere 软件，将视频文件拖入窗口下方的时间轴中，如图 7-88 所示。部分视频无法置入时，需要使用转码软件先转换视频素材的编码后进行置入。

图 7-88　时间轴示意图

视频和图片置入时间轴后，根据所需时长，拖动时间轨迹轴上的素材的长度，或使用中部工具栏中的剃刀工具裁切时间轴上的视频片段，如图 7-89 所示。

对于需要加快播放的视频或音频素材，可以右击时间轴上的素材，然后在菜单中找到【速度 / 持续时间】，如图 7-90 所示。

在【剪辑速度 / 持续时间】面板中，可以通过增大百分比来减少持续时间，或通过修改持续时间来控制调整播放速度，如图 7-91 所示。

修改完一个视频后，可在不同轨道上添加多个素材，以组织视频内容，如图7-92所示。置入视频和图片时需要小心操作，避免把已有的视频或图片片段覆盖。

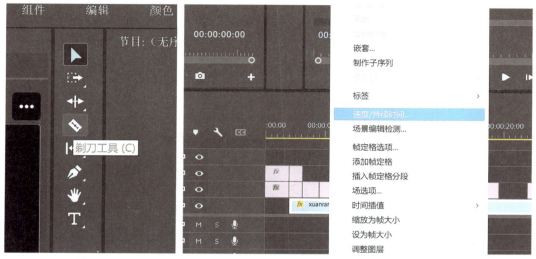

图 7-89　剃刀工具示意图　　　　　　　　　图 7-90　速度/持续时间

图 7-91　修改剪辑速度/持续时间

图 7-92　置入视频和图片

（三）挑选、导入并剪辑背景音乐

1. 选择并下载合适背景音乐

制作乡村类视频介绍方案时，可使用柔美的背景音乐、乡村风格的背景音乐等。这些类别的音乐一般不会与视频或效果产生强烈的反差。值得注意的是，制作商业项目的视频时，使用的音乐素材必须都需要取得版权。

在下载音乐的过程中，尽量选择高清的音乐。如遇到 *.flac 等格式，可以尝试在 Adobe Premiere 软件中安装插件以打开相应的文件。

部分乡村场景中，还可下载使用鸟鸣等配乐声，以丰富空间场景视频效果。可在配乐网站中寻找并下载相关配乐。

2. 导入背景音乐

在【文件】菜单中找到并单击【导入】，如图7-93所示。打开相应音频文件后，将音频轨迹放在时间轴相应位置。

3. 剪辑背景音乐

音频文件的剪辑方法同视频文件一样，可使用剃刀工具或增改音频速度等方法进行剪辑。需要多个音频叠加播放，可新置入音频至 A2 时间轨道上，如图 7-94 所示。音频特效也可使用此方法进行叠加播放。

（四）微调视频或图片在时间轴的位置

根据选择的背景音乐，微调视频或图片时间轴，如图 7-95 所示。此时若背景音乐的波形变化较大，在调整时可参考波形变化处进行视觉效果整合编辑。

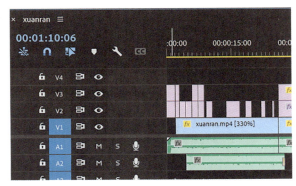

图 7-94　添加音频至 A2 轨道叠加播放

图 7-93　菜单栏中的导入按钮　　　　　图 7-95　微调视频或图片时间点

三、添加影片文字和字幕

视频中一般添加文字的地方为片头标题、作者、片尾致谢、视频中的注解和相关解说字幕。

（一）制作片头片尾文字

在中间面板上找到【T】文字工具按钮，如图 7-96 所示，并在节目面板中直接插入文字，如图 7-97 所示。

在右侧【编辑】面板中，可以调整文字的基本样式，如图 7-98 所示。

知识点讲解

添加文字和字幕

图 7-96 文字工具按钮

图 7-97 【节目】中输入文字

图 7-98 文字样式调整

在片头一般需要输入主标题、副标题、创作者名称和时间等。主标题指视频或设计作品的创意性题目，该标题可使用艺术性较强的字体进行表现。副标题指项目的场地名称，如"××××地块空间装饰设计"等。副标题的字体一般小于主标题，且副标题宜用一行进行排版，字体适宜选用非衬线体，如黑体等。片头的文字标写的时间一般为设计项目的年月，也可以是视频编辑的年月。对于精修的视频，可在视频片头标写视频编辑版本号。对于需要匿名展示的作品，片头不需要加入作者名称。

片尾的文字一般为致谢文字或作者等内容。片尾文字可选用与片头文字相同的字体，可以做到首尾视觉呼应。

（二）制作视频中文字注释

使用以上文字添加方法，也可在视频片段中增加标注文字，如遇到文字标注不清晰的情况，可在右侧文字编辑面板中选中背景选项，并调整其背景的色彩、透明度、大小和边角半径等，如图 7-99 所示。有其他需要的还可为文字添加阴影、描边等。

（三）添加视频字幕

打开字幕工作区，如图 7-100 所示。

单击【文本】选项卡，打开文本窗口，如图 7-101 所示。

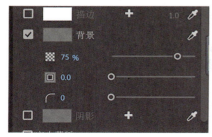

图 7-99 为文字添加背景

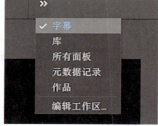

图 7-100 【字幕】工作区

图 7-101 文本选项卡

单击其中的【创建新字幕轨】按钮，如图 7-102 所示。

打开【新字幕轨道】窗口后，选择合适的格式、流及样式，单击"确定"按钮，如图 7-103 所示。

单击 按钮，在菜单中单击【添加新字幕分段】，如图 7-104 所示。

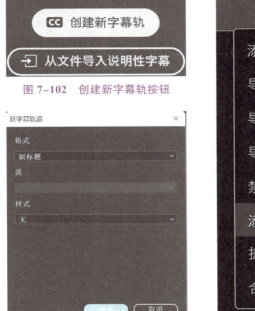

图 7-102　创建新字幕轨按钮

图 7-103　新字幕轨道示意图

图 7-104　添加新字幕分段按钮

在时间段中编辑合适时间并在后续文本框中添加合适字幕，如图 7-105 所示。

图 7-105　添加合适字幕

添加相应文字后，时间轨道 C1 中会出现相应字幕轨迹，在视频预览的下方会出现字幕内容，如图 7-106 所示。

右击 C1 轨道上的字幕片段，可以看到右侧出现字幕的外观编辑面板，如图 7-107 所示。在其中可以编辑字体、颜色、大小、对齐方式等。

图 7-106　字幕添加效果　　　　　　　　　　图 7-107　字幕效果面板

根据录制完的音频在相应时间点插入字幕即完成了字幕编辑工作。

四、选择参数与导出影片

知识点讲解

导出影片

在视频预览并经过所有编辑后，可选择相应参数和导出影片。

实训步骤

导出影片

步骤 1：打开【导出设置】。

单击【文件】菜单，并在【导出】选项中找到【媒体】，如图 7-108 所示。

步骤 2：在右侧【导出设置】面板中，若勾选【与序列设置匹配】，则输出的格式与原始素材一致。若导入的多个素材格式不一致或大小不一致，则会有相应提示辅助。若不勾选【与序列设置匹配】，可在格式选项框中选择需要的相应格式，如图 7-109 所示。

在预设中，可选择相应的画面品质，如图 7-110 所示。此面板中参数值越大的视频画面品质越好，但导出的时间也会相应延长。

图 7-108　打开【导出设置】

图 7-109 选择格式　　　　　　图 7-110 选择导出视频品质

步骤 3：选择视频品质后，可添加视频注释和修改视频名称，如图 7-111 所示。此处也可选择是否只导出视频或只导出音频。

步骤 4：参数设置完后，可单击下方的【导出】按钮，如图 7-112 所示。

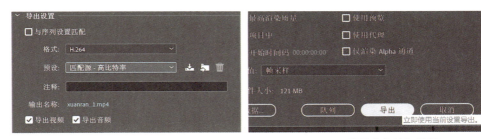

图 7-111 导出的其他设置　　　　　　图 7-112 【导出】按钮位置

步骤 5：单击【导出】后，就会进入编码过程，如图 7-113 所示。编码完成后，影片制作完毕。

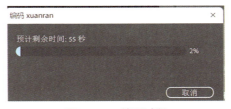

图 7-113 编码过程

技能训练表

完成以上步骤后，导出影片完成，技能训练表见表 B-17。

经验分享

1. 制作影片过程中可以寻找合适的配音，通过图像与配音的巧妙结合形成出色影片。

2. 片头片尾制作时可以考虑相关关联性，形成配套风格特色，有助于加强影片整体性。

3. 影片导出时可根据播放设备选择合适的格式，避免因格式问题导致播放卡顿等。

即测即练

任务 7-3　制作彩色平立剖面图

情境导入

小高同学和小潘同学制作完项目的平面布置图后问张老师："老师，怎样让我们的设计图更美观好看呢？"张老师给了他们建议，那就是进行彩色图的制作。小高同学很疑惑，彩色图包括什么？该怎么做呢？张老师进行了详细的介绍："方案中的彩色图一般包括彩色平面图和彩色立面图及剖面图。"接下来让我们一起跟随张老师来学习制作的过程。

任务目标

知识目标：

1. 了解彩色平面图、立面图和剖面图的制作流程和方法。

2. 熟悉彩色平面图、立面图和剖面图中常用的色彩搭配方案。

3. 掌握彩色平面图、立面图和剖面图制作中需要特别引注的内容。

技能目标：

1. 了解图样导入的技巧和细节处理方法。

2. 熟悉实时上色工具的使用技巧。

3. 掌握彩色平面图、立面图和剖面图整体优化的技巧。

思政目标：

1. 了解设计师职业基本素养及职业道德。

2. 熟悉操作过程中的工匠精神及具体展现点。

3. 掌握色彩表达过程中中式传统色彩的搭配组合方式。

 建议学时

4 ～ 6 学时

 相关知识

为更清晰地表现设计情况，需要制作彩色平面图、立面图和剖面图。彩色平面图需要使用 Adobe Illustrator、CorelDRAW 等矢量软件进行制作。使用矢量软件制作彩色图的优点在于可以进行"一图多用"。以彩色平面图为例，使用矢量软件进行制作，由于使用在演示文稿、展板和手册中的图像大小不一，需要通过缩放进行排版。矢量软件制作的矢量图在进行自由等比例缩放后图像不会模糊，但如果使用软件制作位图图像，则在缩放时会有模糊情况出现，因此推荐使用矢量编辑软件，提高制作效率。

一、制作彩色平面图

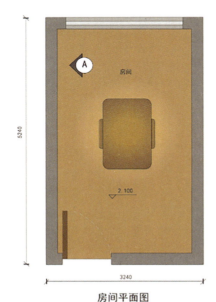

图 7-114　彩色平面图最终效果图

制作彩色平面图一般需要十个步骤，根据图样需要可适当调节顺序和增加编辑步骤。以 AutoCAD 和 Adobe Illustrator 软件编辑为例，讲解制作彩色平面图的各个步骤，最终效果图如图 7-114 所示。

知识点讲解

制作彩色平面图

（一）整理 CAD 图样

在 AutoCAD 软件中需要对原始图样内容进行删减。在删减过程中，建议将原始图样备份或复制在图中其他地方。由于从 AutoCAD 软件中输出图样至 Adobe Illustrator 软件过程中，部分线条过细，部分线条组件素材使用不佳，数字和文字显示不清晰。因此在这一过程需要从 CAD 图样中去除地面填充（除精确性地面线条）、家具、设施、标高、标注、

引线、文字等内容。在适当删除后，需要检查各个图形的线条闭合程度，如图 7-115
所示。

（二）导入 CAD 平面线框

Adobe Illustrator 可以打开部分版本的 CAD 图样。如果遇到无法直接导入 ".dwg"
的问题，可使用 AutoCAD 软件先导出图样为 EPS 或 PDF 等文件格式。

在 Adobe Illustrator 中，新建任意大小画布后，单击【文件】菜单，在【文件】菜
单中找到【置入】，如图 7-116 所示。单击【置入】后，在置入窗口中打开相应文件。
然后在画布上单击，置入图样。

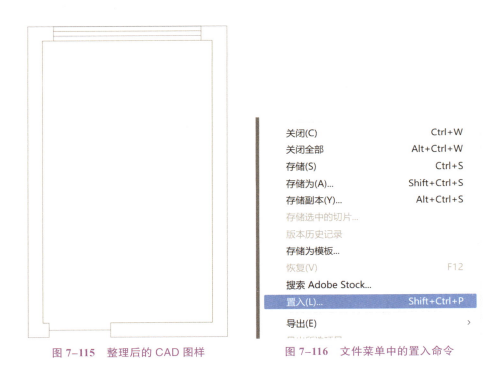

图 7-115　整理后的 CAD 图样　　　　图 7-116　文件菜单中的置入命令

此时特别注意，置入的文件如果图框带有交叉斜线，需要在上方状态栏中单击【嵌
入】按钮，以便更好编辑，如图 7-117 所示。

对于导入的群组图像，需要在【对象】菜单中找到【扩展】按钮，如图 7-118
所示。

然后，单击弹出的【扩展】窗口中的【确定】，如图 7-119 所示。

图 7-117　【嵌入】按钮

159

图 7-118　扩展命令　　　　　　　　图 7-119　扩展菜单

导入完成后的线框如图 7-120 所示。

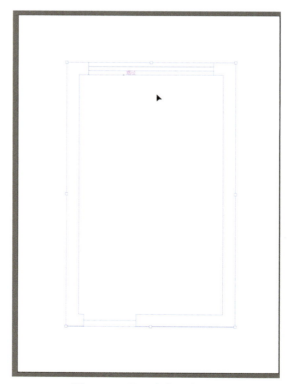

图 7-120　导入完成后的线框

（三）修缮线条和调节粗细

　　检查导入的 CAD 图样线条的完整性，对于不完整的线条进行完善，对于部分过粗的线条进行调节。调整后的图样如图 7-121 所示。

（四）填充地面各类材料

框选平面图，在【对象】菜单中找到【实时上色】，在其中单击【建立】，如图 7–122 所示。

长按左侧工具栏中的形状生成器工具，在其中找到实时上色工具，如图 7–123 所示。

下一步选择合适的颜色在图中进行填充。填充完毕的图形如图 7–124 所示。

图 7–121　修缮线条和调节粗　　　图 7–123　实时上色工具　　　图 7–124　填充完毕的平面图
　　　　　细后的平面图

图 7–122　建立实时上色

（五）置入家具、植物、设施等平面素材

在填充完地面铺装、草坪（室外平面）、水体（室外平面）的基础上叠加家具、植物和设施等。首先需要添加图层。在【窗口】菜单中找到并单击【图层】，如图 7–125 所示。

在图层窗口中重命名默认图层名为"平面底图"，在其上方新建"植物""家具和设施"图层，如有其他需要可建立相关图层，如图 7–126 所示。

建立相关图层后添加平面彩色植物、家具和设施至相关图层。添加后的平面图如图 7–127 所示。

图 7–125　图层命令

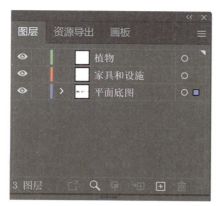

图 7-126 建立相应图层   图 7-127 添加素材后的平面图

（六）适当添加照明效果

在添加素材后，适当添加灯光照明效果形成更好的彩色平面图。在图层窗口中新增
【照明】图层，并添加照明灯光和阴影等。添加后的效果如图 7-128 所示。

（七）添加尺寸线标注

在整体平面图装饰效果完成后，需要使用软件中的黑色线条绘制尺寸线，并使用文
字工具输入合理大小的尺寸数字。添加尺寸线后的效果如图 7-129 所示。

图 7-128 添加照明效果后的平面图   图 7-129 添加尺寸线后的平面图

（八）添加标高标注

标高符号需要使用黑色线条绘制，使用文字工具标写高度数值，单独绘制的标高符号如图 7-130 所示。平面图添加标高标注后如图 7-131 所示。

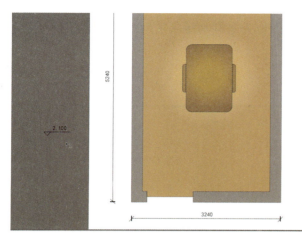

图 7-130　标高符号

图 7-131　添加标高符号后的平面图

（九）添加立面图视角符号和剖面图剖切符号

使用黑色线条绘制立面图视角符号和剖面图符号，并使用文字工具标写立面名和剖切名，单独绘制的符号如图 7-132 所示。平面图添加立面图视角符号和剖面图剖切符号如图 7-133 所示。

图 7-132　立面图视角符号和剖面图剖切符号

（十）添加文字及其他标注

使用文字标注工具在图中进行空间名称等标注，标注后的效果如图 7-134 所示。

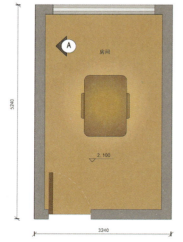

图 7-133　添加视角符号和剖切符号的平面图　图 7-134　添加文字标注后的平面图

二、制作彩色立面图和剖面图

制作彩色立面图和剖面图一般需要九个步骤，根据图样需要可适当调节顺序和增加编辑步骤。通常情况下立面图表达立面表面的饰面内容；剖面图表达构造结构，常用于具有高度变化的空间部位等。以剖面图作为案例制作彩色剖面图的过程讲解。最后彩色剖面效果图如图 7-135 所示。

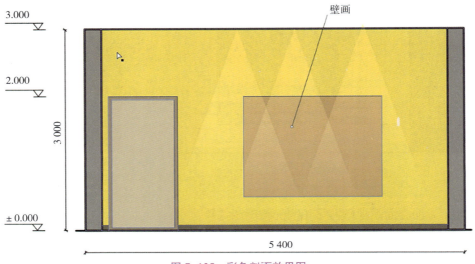

图 7-135　彩色剖面效果图

（一）整理 CAD 图样

在 AutoCAD 软件中需要对原始图样内容进行删减。在删减过程中建议将原始图样备份或复制在图中其他地方。由于从 AutoCAD 软件中输出图样至 Adobe Illustrator 软件过程中，部分线条过细，部分线条组件素材使用不佳，数字和文字显示不清晰。因此在这一过程需要从 CAD 图样中去除墙体填充、标高、标注、引线、文字等内容。在适当进行删除后，需要检查各个图形的线条闭合程度。如图 7-136 所示。

知识点讲解

制作彩色立面图和
剖面图

（二）导入 CAD 剖面图线框

用平面图导入方法导入 CAD 剖面图，如图 7-137 所示。

（三）修缮线条和调节粗细

检查导入的 CAD 图样线条的完整性，完善不完整的线条，调整部分过粗的线条。调整后的图样如图 7-138 所示。

（四）填充墙体、墙面材料、结构材料

使用与制作彩色平面图相同的方法填充墙体、墙面材料和结构材料，如图 7-139 所示。

图 7-136　整理后的 CAD 图样

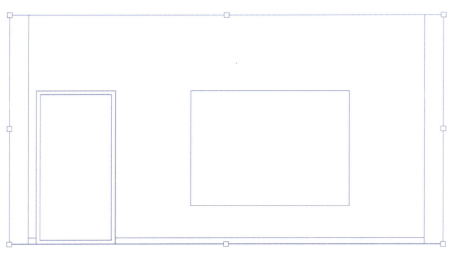

图 7-137　导入后的剖面图

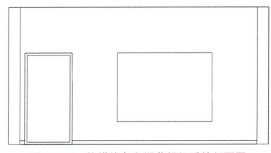

图 7-138　修缮线条和调节粗细后的剖面图

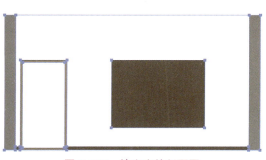

图 7-139　填充完的剖面图

165

（五）置入家具、植物、设施、人物等立面素材

在图层窗口中新建"植物""人物""家具和设施"等图层，并添加相关素材至图中，效果如图7-140所示。

（六）适当添加照明效果

在添加素材后，适当添加灯光照明效果形成更好的彩色剖面图。在图层窗口中新增【照明】图层，并添加照明灯光和阴影等。添加后效果如图7-141所示。

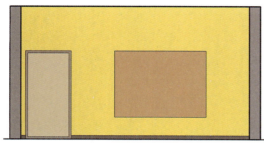
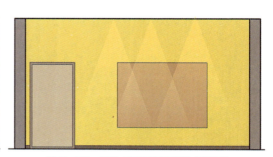

图 7-140　添加素材后的剖面图　　　　　　　图 7-141　添加照明效果后的剖面图

（七）添加尺寸线标注

在整体剖面图装饰效果完成后，需要使用软件中的黑色线条绘制尺寸线，并使用文字工具输入合理大小的尺寸数字。添加尺寸线后的效果如图7-142所示。

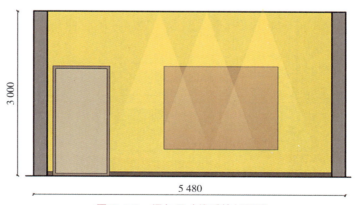

图 7-142　添加尺寸线后的剖面图

（八）添加标高标注

标高制作方法与平面图制作过程一样，剖面图添加标高标注后如图7-143所示。

（九）添加文字及其他标注

使用文字标注工具在图中进行相关名称等标注，标注后的效果如图7-144所示。

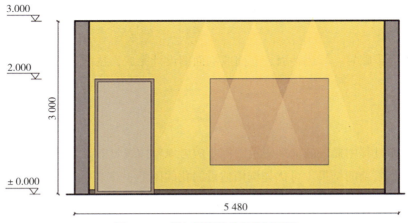

图 7-143　添加标高符号后的剖面图

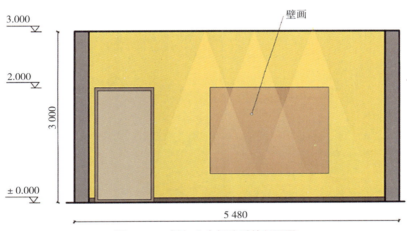

图 7-144　添加文字标注后的剖面图

实训步骤

选择模块 4 或模块 5 中的设计场地方案进行彩色平面图、立面图和剖面图的制作。

步骤 1：整理 CAD 图样，删除图样中文字、尺寸线、图例等内容。

步骤 2：导入 CAD 线框至平面软件中，合理缩放大小。

步骤 3：修缮线条和调节粗细填充色彩。

步骤 4：置入素材，添加照明效果。

步骤 5：添加尺寸线、标高、视角符号和剖切符号等标注内容。

步骤 6：添加文字及其他标注后导出图片。

技能训练表

完成以上步骤后，彩色平面、立面或剖面图设计完成，技能训练表见表 B-18。

经验分享

1.在制作过程中插入的辅助图示图例等应考虑整体视觉效果，避免个别图例好看但整体视觉效果繁杂的结果。可优先选用适量简化的图形。

2.制作过程中的文字和注释大小等应考虑后期排版的图片大小，避免后期排版过程中过度缩放导致的内容不清晰。

模块 8
制作项目综合排版

模块 7 中学习了制作效果图、影片与彩色平立剖面图。在本模块中将结合之前的设计内容制作整体布局的排版，根据项目性质和成果方法，排版的样式也有所不同，需要在学习过程中灵活运用，避免套用排版格式，形成单一的展现效果。

 模块提要

本模块主要制作项目的综合排版，根据项目性质和用途，主要分为商业项目画册、竞赛项目画册、个人作品集和项目展板四种类型。各个类型均从设计整体排版、页面排版框架和排版技巧三个方面进行讲授。不同类型的排版方法各有差异，应关注区别点。

 模块思维导图

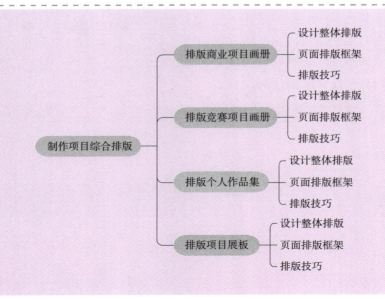

建议学时

8 ～ 12 学时

任务 8-1　排版商业项目画册

情境导入

　　小潘同学在学习之前模块的基础上，基本完成乡村商业项目的设计，这时候需要进行整体设计的编排，用来进行方案的汇报和展现。这时张老师就提出排版的相关建议和技巧。接下来让我们一起跟随小潘同学来学习研究商业项目画册的排版。

任务目标

知识目标：

1. 了解商业项目画册排版的特征和主要内容。

2. 熟悉页面排版框架结构和形式。

3. 掌握不同排版视觉设计原则。

技能目标：

1. 了解商业项目排版的技巧。

2. 熟悉排版过程中页面视觉效果微调的方法。

3. 掌握整体商业画册编排的过程。

思政目标：

1. 了解设计师在排版中的职业基本素养及职业道德。

2. 熟悉排版过程中的团队合作方法。

3. 掌握工作过程中的工匠精神的培养。

建议学时

2 ～ 3 学时

相关知识

一、设计整体排版

商业项目排版一般无页数限制，通常排版页面大小为 A3 或 A4 单页排版，但整体排版按照各个区块进行，如一个项目分为 A、B、C 三个区块，画册排版时除基本内容介绍外将按照 A 区彩色平面图、A 区功能分区图、A 区交通流线图、A 区景观节点、B 区彩色平面图、B 区功能分区图、B 区交通流线图、B 区景观节点图、C 区彩色平面图、C 区功能分区图、C 区交通流线图、C 区景观节点图等内容顺序进行排版。针对不同区块，排版中按照区块细节进行详细阐述。每个区块在排版时主题色调将由该区块的主题色调所决定。商业项目画册排版框架如图 8-1 所示。

二、页面排版框架

一般商业项目画册分为前期分析、设计理念、总图设计、分区设计、专项设计和项目造价六个板块。不同公司可能会有更多板块辅助说明方案。此外不同项目的板块可能会有所增减，各部分页数由项目内容决定。

（一）前期分析

前期分析板块中包括上位规划分析、土地建设需求、产业设计需求、消费者需求、目标定义、参考案例分析等。

（二）设计理念

设计理念板块中包括设计理念来源、演变过程及形式体现等。

（三）总图设计

总图设计板块包括总平面图、节点标注图、功能分区图、交通流线图、竖向设计图等。

（四）分区设计

分区设计板块包括分区平面图、竖向设计图、节点设计效果图、设计分析图、立面

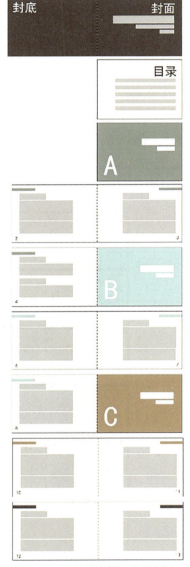

图 8-1　商业项目画册排版框架

171

或剖面图等。分区设计中各区块分别展示相关设计图。该板块在整体排版中可能占用较多页面。

（五）专项设计

专项设计板块包括材质材料、灯光设计、植物配置、配套设施设计等。

（六）项目造价

项目造价板块包括分部分项计算统计表。

三、排版技巧

在商业项目排版中需要注意以下细节强化排版效果。

（1）页面适当留白，合理放置页面中图文位置。商业项目排版因页数一般不做要求，因此排版过程中可适当增加留白区域。合理的留白区域与内容区域形成疏密对比，增加页面的丰富程度，提升版面的格调。页数过多且版面过满的排版会增加读者的视觉疲劳。排版对比效果如图 8-2 所示。

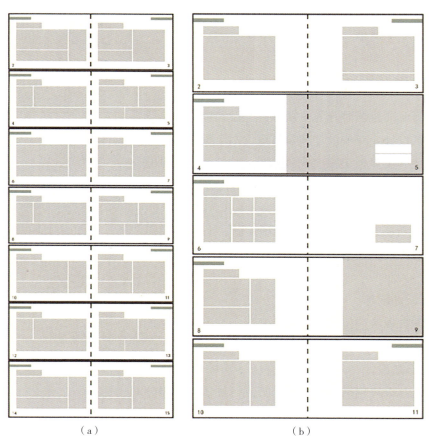

（a）　　　　　　　　　　　（b）

图 8-2　排版效果对比图

（a）排版过满、页数过多；（b）留白优化后的排版

（2）单独设置板块起始页，简约排版设计。使用单页印刷时，各板块之间可通过较为简洁的板块起始页进行分隔，部分排版中也采用深色或特殊纹理进行该分隔页的装饰。这种排版方式可以使读者更好地区分各板块内容的同时，增加了整体版面的疏密程度。使用与主题相关的纹样进行装饰时，还可增强整体排版的风格表现。分隔页示意图如图 8-3 所示。

图 8-3　分隔页排版示意图

（3）排版格调适当严肃化，增强雅致格调。排版中减少不够严肃的非衬线体字体、亮丽可爱的装饰图案、多样的排版框架和辅助引线等。排版对比图如图 8-4 所示。

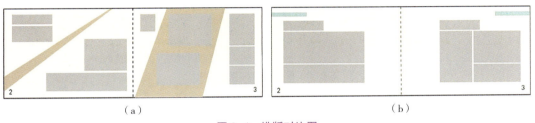

（a）　　　　　　　　　　　　　　　　（b）

图 8-4　排版对比图

（a）过于复杂的排版形式；（b）整齐优化的排版形式

（4）统一整体排版色调，适当调整色彩偏向。在排版过程中包含方案参考意向图、手绘图、效果图等图片，因图片来源和光照不同，排版中会对页面产生较大的影响。适当调整饱和度、亮度和色彩偏向，使图片基本呈现一种色调，有助于整体美化。

（5）合理放置页码和页眉页脚文字，减小裁切影响。商业项目的画册在印刷后需要进行裁切和胶装，裁切过程中页面四周 1 ～ 2 毫米的内容可能会被裁切，在排版过程中应保持页码、页眉或页脚文字距离页面边侧适当距离，避免部分页面的文字被裁切。调整前后示意图如图 8-5 所示。

页面保留适当边距

图 8-5　页边元素调整前后对比图

（6）左侧留出装订翻页距离，完整呈现内容。印刷的画册在胶装后，左侧页面的内容因装订会被遮挡。在排版的过程中应充分考虑这一因素，根据页面数量适当使整体排版向右侧微量移动。移动位置示意图如图 8-6 所示。

装订后可能会影响阅读的部分

图 8-6　排版位置调整示意图

（7）封面封底不要使用方案效果图。商业画册是方案展示的一个综合过程，直接将效果图印制于封面会存在一定风险。例如读者对效果图不满意，可能不再看画册其他内容。而使用装饰元素排版封面，可以增强画册排版的仪式感。装饰元素排版形式如图 8-7 所示。

封面

图 8-7　装饰元素排版形式

 实训步骤

根据之前模块的成果汇编商业空间项目排版。

步骤 1：整理资料并分类，将相关图片、文字等资料对应整理，梳理资料之间关系。

步骤 2：排版前期分析、设计理念、总图设计、分区设计、专项设计和项目造价栏目。

步骤 3：对排版整体性优化和细节优化。

步骤 4：设计画册封面和封底，突出项目特色。

 技能训练表

完成以上步骤后，商业项目画册排版设计完成，技能训练表见表 B-19。

 经验分享

1.商业项目整体排版过程中风格以稳重的色调为主，内容更多展现实用性和商业价值。

2.商业项目排版中效果图可通过引线等进行设计说明，方便读者快速清晰直观地了解设计内容和特色。

任务 8-2 排版竞赛项目画册

 情境导入

小高同学为了参加大学生乡村振兴比赛，前期已经完成了大量的设计工作，需要将设计进行整合形成最后的项目画册排版方案了。接下来就一起进行竞赛项目画册的排版学习，为他的参赛项目添彩。

 任务目标

知识目标：

1.了解竞赛项目画册排版的流程、特征和主要内容。

2.熟悉竞赛项目页面排版框架结构和形式。

3.掌握不同排版视觉设计原则。

技能目标：

1.了解竞赛项目排版的技巧及特色表现方法。

2.熟悉排版过程中页面视觉特效与内容组织的方法。

3.掌握整体竞赛项目画册编排的过程。

思政目标：

1.了解设计师在竞赛排版中的职业基本素养及职业道德。

2.熟悉排版过程中的团队合作方法与创新精神。

3.掌握工作过程中的工匠精神的培养。

 建议学时

2～3学时

相关知识

一、设计整体排版

　　竞赛作品画册通常有排版数量限制，一般要求排版页面大小为 A3，可采用单页排版或双页连排的形式。一般竞赛排版以整体项目为单元分点进行叙述，即从项目概述、项目调研到总体布局、功能分区、交通流线、节点设计等依次进行排版。由于页面数量有所限制，排版的整体框架与商业项目的分区叙述有所不同。竞赛项目画册排版整体框架如图 8-8 所示。

图 8-8　竞赛项目画册排版框架

在排版过程中，为更好地展现设计特色，可使用双页连排的形式，如图 8-9 所示。双页连排需要注意以下三点。

（1）页数按照左右各 1 页计算。应注意连排后的尺寸为两张 A3 大小，应按照两张页面的数量进行计算，如图 8-10 所示。部分竞赛可能不允许使用连排的形式，具体参赛时可咨询竞赛组委会。

（2）需要控制好整体大页面的视觉统一感。版面进行连排后，需要注意整体页面框架的安排，考虑该框架的整体视觉效。因其框架较普通 A3 排版框架更宽，所以排版发挥的自由性更大，具有更高的灵活性。图 8-11 为示例框架，具体框架可根据内容进行适当调整。

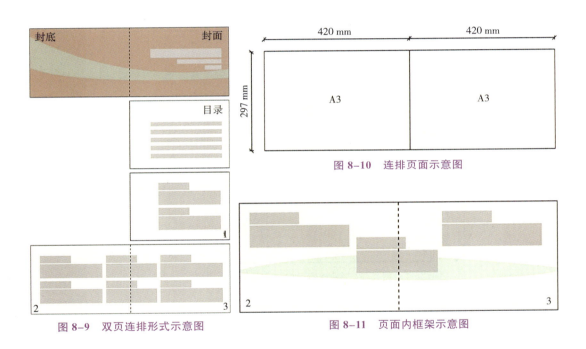

图 8-10　连排页面示意图

图 8-9　双页连排形式示意图

图 8-11　页面内框架示意图

（3）需要注意上下页面的视觉关联程度。因连排后页面内框架较为灵活，多个连排页面连续排页后，可能导致排版过于混乱，需要从前后多页的框架中整理内容。此外页面在排版过程中还需要注意前后页面的整体观赏效果。举例而言，页面排版就像电影制作一样，不同的片段需要有不同的情感安排，如"欲扬先抑""开门见山""豁然开朗"等。作为连排页面可适当安排深色背景的页面，整体框架如图 8-12 所示。

除以上三点外，在实际排版过程中，还应按照实际需要进行适当调整，以满足不同竞赛主题的需求。

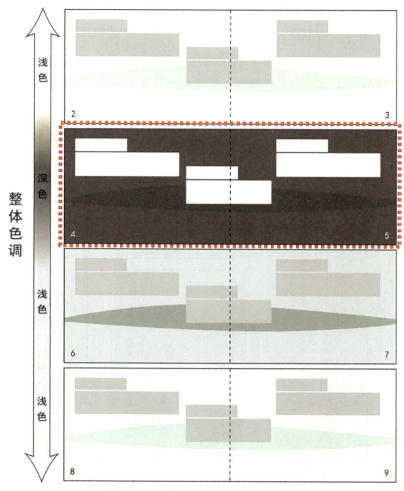

图 8–12　深色页面在整体排版中的安排

二、页面排版框架

以 15 页的 A3 连排排版为例介绍整体框架。不同的项目根据实际情况进行具体排版，因其页数较少，在排版过程中可将部分内容进行合并展现。

（一）封底（第1页）、封面（第2页）

考虑页面排版印刷后的顺序，在排版过程中一般将封底放在左侧、封面放在右侧。因整体册子页面数量不多，只需保留适当宽度的书脊即可。部分印刷封面过程中会使用加长的纸张进行印刷，因此在封面设计过程中适当考虑画面装饰的延长性。在页面边缘处不宜编排文字，避免装订或裁切时出现缺失。封面封底排版框架示意图如图 8–13 所示。

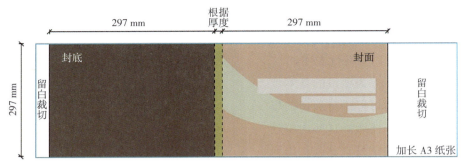

图 8-13　封面封底排版框架示意图

（二）项目成员组成与目录（第 3 页）

对于单页印刷的画册，一般画册打开后，阅读的首页位于右侧，因此项目成员组成和目录页制作单张 A3 右侧页。在排版该页过程中，适当保留页面留白，项目成员介绍和目录内容文字不宜过大。该页面排版框架如图 8-14 所示。

（三）项目概述与项目调研（第 4 页）、用户需求分析（第 5 页）

在该页左上角首先应写明项目主标题与副标题。主标题可以是具有创意的

图 8-14　项目成员与目录页

个性化题目，即项目成员组根据项目主题特色进行命名的内容。主标题一般不宜过长，简短有创意的主标题有助于给读者留下深刻的印象。副标题一般为项目设计场地区块的具体名称，如"××××××地块公共景观设计"。在副标题下方可以放置项目概述。

项目概述具有重要的引导作用。项目概述一般排版于项目内容前，可放置于项目主副标题之后。项目概述是对设计重点内容和逻辑的叙述，通过简短语句概括设计各项内容。读者一般在阅读项目概述后需要了解该项目是景观还是室内设计项目，设计的场地位置、设计了多大的场地、面临着什么问题、用户有什么要求等内容。项目概述作为"开门见山"的内容，撰写精彩，将更好地吸引读者对项目内容进行细致了解。

项目概述需要逻辑清晰。项目概述叙述了项目从调研到问题分析再到设计的过程。逻辑清晰的项目概述一般能够让读者感觉设计项目整体一目了然、设计具有实用性和价值性。

项目概述一般字数不宜过多。过多的字数叙述虽然能够更完整地表达内容，但可能造成逻辑混乱、整体内容繁杂，不能起到项目概述原有的引导和概括作用。在进行项目概述撰写过程中，尽量用重点关键词概括相关内容。根据编者以往经验以及阅读便

捷性，一般项目概述不宜多于400字。部分常规性内容，即该部分与其他项目基本相同时，可以不进行表述。

在项目概述下方为项目的基本位置，基本位置之后可以进行项目的场地分析与用户分析排版。这些内容除项目概述为大量文字外，其余排版元素均应以可视化的图片素材为主，便于读者了解。整体排版框架如图8-15所示。

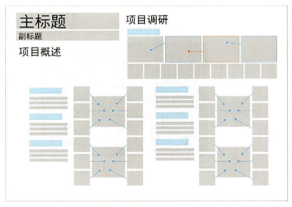

图8-15　项目概述与项目调研及用户需求页连排框架

（四）产业与历史文化分析和元素形式色彩提取（第6页）、设计理念及创新点（第7页）

产业与历史文化分析页面可以使用逻辑引线分析出元素、形式和色彩的导出过程。在该排版中，可以根据相应需求调整排版的图片色调等。在导出元素、形式和色彩后结合场地问题及用户需求共同形成最后的设计理念。设计理念在排版过程中可以使用重点的关键词进行突出排版，再在版面中使用示意图表示创新点。整体排版框架如图8-16所示。

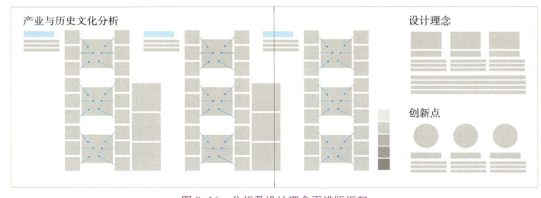

图8-16　分析及设计理念页排版框架

（五）总体鸟瞰图及节点标注（第8页）、彩色平面图及各类总平分析图（第9页）

总体鸟瞰图在排版过程中可以与页面恰当结合，并从总体鸟瞰图中使用引线引注相关空间节点。在鸟瞰图边上适当放置经济技术指标以展示项目相关参数。在彩色平面图边上配合

制作功能分区图

制作交通或
人流动线流线图

制作空间节点
与轴线图

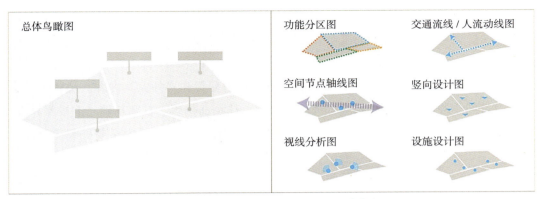

图 8-17 鸟瞰图及各类分析平面图排版框架

放置功能分区图、交通流线图、空间节点轴线图、竖向设计图和设施设计图等。整体框架排版如图 8-17 所示。

（六）主要节点、次要节点 1、次要节点 2（第 10、11 页）

该页面主要展现项目中的主要节点设计。针对一个节点，页面中应包含效果图、原始场地图、设计概念图、平面视角图、简短设计介绍等。其中效果图可以使用引线引注，标写图中材料、工艺及其他细节或创新支出。效果图应和原始场地图保持相同视角，更易展现设计前后的改变。设计概念图指简单的手绘效果，用于展现设计师的基本想法。平面视角图为平面图的局部，用来展现效果图的平面布局，此外在平面视角图中还需要通过视角符号展现效果图的视点，如图 8-18 所示。

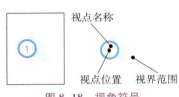

图 8-18 视角符号

在该连排页中，应考虑展现三个节点的主次关系，可在页面中通过放大主要节点效果图的方法，突出重点设计的空间节点。次要节点的内容按照一定顺序进行整齐排列即可。整体框架如图 8-19 所示。

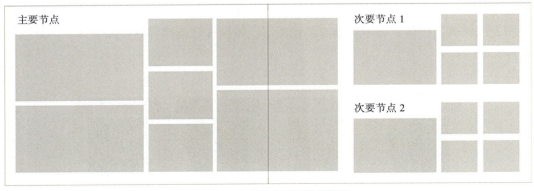

图 8-19 空间节点页面排版框架

181

（七）植物配置及设施家具设计（第12页）、照明设计及项目总体造价（第13页）

该连排页左侧部分对于景观和室内有不同的排版方式，右侧一般为照明设计和造价部分。

在页面左侧对于乡村景观方案，需要排版植物配置和户外家具内容。植物配置页面可通过四季顺序或植物种植高低等顺序进行总体页面排版。在此基础之上按照乔木、灌木、地被、花卉等进行排列。因植物排版篇幅有限，应在版面中主要展现植物配置的特点，如"四季有花"等。在户外家具方面，家具的组合方式、造型特点等应在排版中展现，清晰表明选择该型号家具的关键性理由。具有创意性景观小品的设计方案，应在此处说明创意独特之处。

对于乡村室内设计方案，需要排版室内软装等。在排版中可提供相应的软装效果拼贴图，通过拼贴展示软装的主体色调、图案和材质等。室内家具较多的情况下，适当选择具有特点的家具或主体空间家具进行排版。如家具的外观设计由参赛选手设计，更应完整说明该外观的创意之处。

在照明页面设计部分，应展现不同种类的主要灯具设施的外观和三视图等。灯具设施的节能性、智能性、互联性等特点均可在此处进行展现和说明。

在项目总体造价部分排版时，需要特别注意插入的表格中的文字大小。在排版中如果使用其他表格类软件复制的表格，在页面编辑粘贴时，需要把整体表格放大至文字至少能够清晰辨识。插入的表格应保证较高的清晰度，避免产生阅读分歧。

景观方案排版框架如图8-20所示，室内方案排版框架如图8-21所示。

（八）项目文创设计（第14页）、运营与推广（第15页）

项目文创设计页面可放大文创产品的效果图或使用效果图作为排版骨骼进行创作。文创设计页面需要展现设计的各类文创产品，一般使用文创产品"全家福"及相关引线可较全面展现设计的内容。具有多个系列的产品或产品领域较为丰富的设计可使用树状图进行展示产品框架结构。有专利或商标注册的相关设计，可在此页面适当展示相关的文件证明。在运营推广方面，除使用思维导图表现商业运营逻辑外，可展现部分实体商业场景照片。有社群、自媒体等推广方式的，可在页面中展示相关页面截图及二维码。整体页面内容角度的情况下，应保证页面内容的清晰程度。整体框架如图8-22所示。

制作项目设计
情绪板

商标查重

绘制文创产品
草图

文创产品建模与
渲染

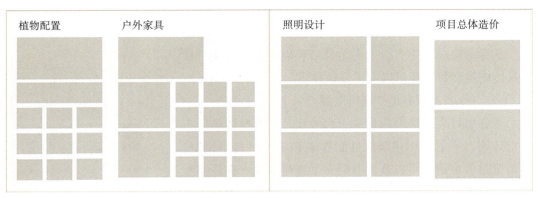

图 8-20　景观方案排版框架

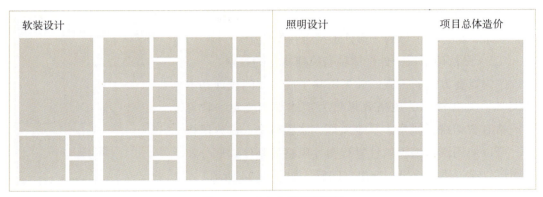

图 8-21　室内方案排版框架

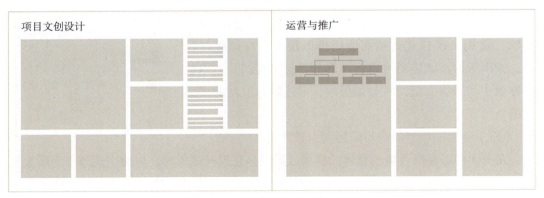

图 8-22　项目文创及运营推广框架

（九）项目总结

　　如果有项目总结也可放在最后的排版中。项目总结与项目概述有所区别，项目概述可以理解为让读者通过简单语言了解项目设计的各个过程细节，而项目总结可以理解为项目的方法总述，即通过某种设计方法完成的设计，简单介绍其中的设计经历和克服的困难过程及设计成果成效，总结该种设计方法的成功与问题所在以及设计反思等。

三、排版技巧

竞赛排版过程中有以下七个技巧可以应用，各项目根据具体内容和特征还可以应用其他技巧。

（一）考虑上下多页的连排效果

竞赛项目页面排版数量少于商业项目，且整体排版不一定印刷，一般使用排版软件制作成 PDF 文件进行浏览。在浏览过程中通常可以直观看到多个连排页面。在适当考虑连排页面左右关系的基础上，处理这些页面的前后关联也会为排版增色不少。上下关系处理方法示例如图 8-23 所示。该案例中采用"DESIGN"字母作为上下页排版的框架元素，将各个字母的方形处理结合在排版中。

（二）图片可以统一处理成具有风格特色的效果

作为竞赛方案的排版，效果图除了展现空间设计基本情况外，具有特殊的风格效果将为整体添加亮点，常见的风格有剪切拼图风格、手绘风格、淡雅风格、古典风格等。可以使用图像编辑软件进行图片风格的制作。部分效果图可以通过边框剪辑，突出空间感，如图 8-24 所示。

这类效果图因其边线的多样性，易于在视觉中形成空间立体感，同时又打破了传统效果图的呆板形状。但值得注意的是，形状多样的效果图在同一版面中不可过多出现，避免出现样式花哨而造成排版混乱。在排版过程中，如因版面形式需要可以增添部分素材完善图片，但整体排版中切忌将大量图片叠加展示，形成较为混乱的排版骨骼。

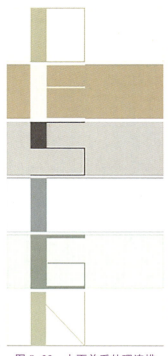

图 8-23　上下关系处理连排页示意图

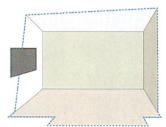

图 8-24　具有空间感的空间效果图

（三）版面中线条装饰可以起到引导作用

在页面中需要形成较为整体的排版或需要强化设计逻辑时，可使用线条作为版面装饰引导视觉效果。这些线条可根据需要进行粗细、色彩和数量的设计。基本效果图如图 8-25 所示。在排版中，还可使用部分圆点配合线条进行装饰。

（四）将设计成果与页面相结合，可以更巧妙排版

由于版面有限，将大量设计成果进行罗列，会形成较为呆板的排版效果。除了将成果图片进行放大缩小外，还可以将设计成果与页面排版相互结合，将成果图片作为页面排版元素，巧妙安排版面空间。例如将项目设计的立面图作为页面的底部装饰，一方面进行了页面美化，另一方面通过引线的引注充分展现了大型立面图需要表达的高

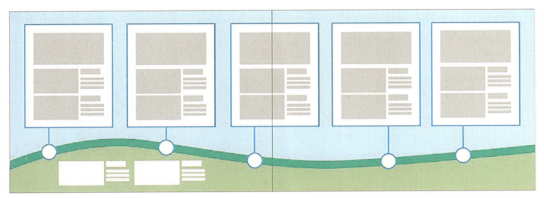

图 8-25　具有线条装饰的整体排版

度和节点内容，如图 8-26 所示。此外还有多种将内容与排版骨骼结合的方法，但都需根据实际成果的图像内容巧妙运用，因此在此类排版过程中不建议先进行骨骼框架的制定再以内容填充的方式排版。

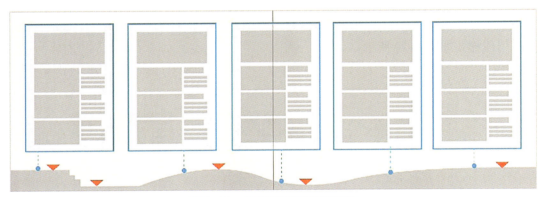

图 8-26　立面图作为页底的排版

（五）二级栏目标题前可使用符号进行强化引导

排版过程中，二级栏目标题除文字放大和加粗外，可通过在其前部增加符号图案强化整体排版中的框架。该符号图案可来源于项目调研中提取的形式图案，通过该图案的叠加、描边等形式形成较为美观的引导性图案。图案示例如图 8-27 所示。

图 8-27　引导性图案符号
（a）简约图案；（b）叠加图案；（c）镂空图案；（d）底色图案

（六）图片下方增加图名说明图片同时丰富排版元素

版面中插入图片后，在图片下方增加图名可以更清晰表达图片的表达要义，同时通过文字的增加可以丰富版面的氛围。这些图名应保持一致的样式，例如都进行左对齐或右对齐，字体色彩尽量保持一致，避免形成无意义的混乱装饰。确保能够清晰辨识。图名插入形式如图 8-28 所示。

图 8-28　插入图名示意图
（a）下方标注图名；（b）图中标注图名；（c）右侧标注图名

（七）图片中增加引线说明可加强排版表达

在效果图中使用引线进行引导说明可以增加排版的丰富程度，此外还可进一步解释效果图中的设计亮点。引线根据风格有多种样式，一般不建议使用过于复杂的样式。常见引线样式如图 8-29 所示。

图 8-29　常用引线样式
（a）手绘引注；（b）点线引注；（c）折线引注

实训步骤

在乡村振兴赛题成果基础上排版竞赛项目画册。

步骤 1： 整理竞赛需求、调研成果、设计图样和效果图等。

步骤 2： 使用排版软件对整体框架进行基本排版，调整页面组织、文字大小和图片效果等。

步骤 3： 合理设计封面、目录等，展现竞赛项目的核心特色。

步骤 4： 完成图名、页码等细节标注。

步骤 5： 导出画册文件。

技能训练表

完成以上步骤后，竞赛项目画册排版设计完成，技能训练表见表 B-20。

经验分享

1. 竞赛项目排版过程中更注重方案的特色表达，可适当添加活泼的排版感觉，有助于活跃整体观感。

2. 排版过程中需要展现设计逻辑，避免前后章节无逻辑关联的情况。

3. 各栏目之间的排版间距应保持一致，有助于整体美观性。

任务 8-3　排版个人作品集

情境导入

　　小高同学即将从学校毕业去寻找合适的工作岗位，在寻找过程中，不少公司除了问小高同学要个人简历外，还要求他提供个人作品集，以更好地了解其设计水平。小高同学为此感到疑惑，到底该如何进行个人作品集的排版呢？接下来就让我们一起来学习作品集的排版过程。

任务目标

知识目标：

1. 了解作品集排版的流程及与项目方案手册排版的区别。

2. 熟悉页面排版框架结构及其内容组织方式。

3. 掌握常见色彩搭配方案。

技能目标：

1. 了解排版过程中数字标序的技巧。

2. 熟悉多列式排版的样式形式和技巧。

3. 掌握排版过程中合理添加人物素材的方式。

思政目标：

1. 了解设计师职业基本素养及职业道德。

2. 熟悉吃苦耐劳的敬业精神。

3. 掌握工作过程中工匠精神的应用。

建议学时

2 ~ 3 学时

相关知识

一、设计整体排版

单个作品在作品集排版中页数一般控制在 6 ~ 8 页 A3 纸张大小，这是因为以下三点。

（1）作品集文件受压缩大小限制，一般总页面不会过多。作品集一般用于升学或求职。过大的文件会让学校和公司的工作人员产生一定的工作不便。对于一些院校和公司，作品集页数或文件大小有一定要求。如果页数过多，压缩程度过大，会导致页面图像和文字清晰度变差，一般作品集总体页数不宜多于 30 页。

（2）作品集内的 3 ~ 4 个作品有表现的重点，有些技能无须重复表现。作品集与商业作品或者竞赛作品的不同在于会编排 3 ~ 4 个项目，因此基本的设计能力无须在有限的页面中进行重复表现，而更应在这些页面中表现作者对社会、专业、特殊人群的关心等。

（3）作品集是项目的浓缩，能够展现作者的概括能力。作品集不宜排版过多的另一方面原因是排版越多越容易发现问题，合理地控制数量能避免出现过多的问题。此外作为浓缩型排版，也在考验作者的概括能力。有限的页面表达完整的方案相较于大量页面的文字和图片表达相对难度更高。

二、页面排版框架

以 6 页的 A3 连排排版为例介绍整体框架。不同的项目根据实际情况进行具体排版。

第一连排页面：项目概述与项目调研、用户需求分析、产业与历史文化分析和元素形式色彩提取，页面排版框架如图 8-30 所示。

在项目调研和分析过程中，应注意表达各个内容之间的逻辑关系。排版不应只是进行板块填充，而应进行顺畅的思维表达。

第二连排页面：设计理念及创新点、总体鸟瞰图、彩色平面图及节点标注、各类总平分析图、主要节点一介绍，页面排版框架如图 8-31 所示。

图 8-30　第一连排页面基本框架

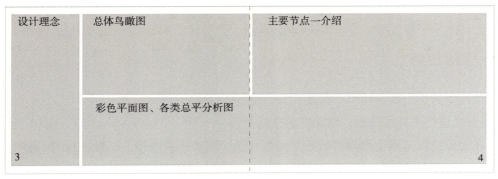

图 8-31　第二连排页面基本框架

　　此连排页中可以使用鸟瞰图作为页面的部分背景，在图片上配合表达设计理念和创新点。设计理念和创新点的应用可使用引线在鸟瞰图中进行引注，遇到鸟瞰图中视角被遮挡，可以补充图片的形式进行表达。在彩色平面图中进行节点数字标注，宜在底部添加偏红色彩，与平面底图色彩有明显区分。进行标注时，数字的表达应按照顺时针顺序或按照游览路线从入口处开始表达，如图 8-32 所示。

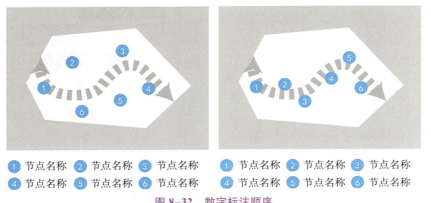

图 8-32　数字标注顺序

189

第三连排页面：主要节点二介绍、主要节点三介绍、植物配置及设施家具设计、照明设计等，页面排版框架如图 8-33 所示。

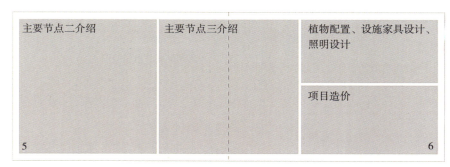

图 8-33　第三连排页面基本框架

三、排版技巧

个人作品集排版过程中，有以下四个技巧可以应用。

（一）进行多列式排版，增加表达空间

在进行排版过程中增加排版框架列数有助于增加排版内容。一般 A3 排版页面根据需要可进行三列式排版。增加列数后的框架如图 8-34 所示。

（二）使用较为简约的纯色背景图案，有助于增加表达内容

在页面紧凑式排版中，除使用效果图作为部分内容背景外，其余部分背景均宜使用纯色或纯色图案作为背景。纯色背景有助于清晰展现页面中的文字和图片内容。纯色背景的色调应与主体形式一致。常见的背景配色及文字色彩搭配方案如图 8-35 所示。

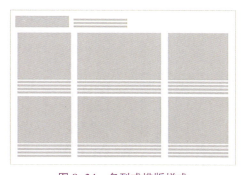

图 8-34　多列式排版样式

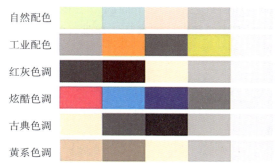

图 8-35　常见的背景配色及文字色彩搭配方案

（三）在排版中添加人物，有助于活跃整体设计氛围

版面中除效果图中有人物素材图片外，在整体排版中适当增加人物素材可活跃版面氛围，如图 8-36 所示。将人物素材配合设计中的用户体验动作是一种十分巧妙的排版

方式。尤其是关爱儿童和关怀老人的空间设计，在版面中添加满面笑容的儿童或老人会直接使版面具有温馨的氛围感。

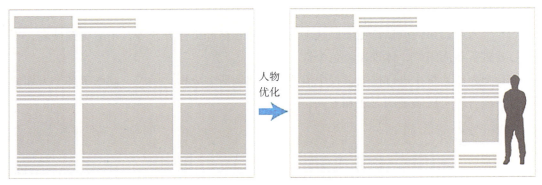

图 8-36　排版中添加人物素材

（四）合理设置字体大小和字形

由于个人作品集版面页数较少，排版较为紧凑，不宜使用过大字体。主标题和副标题的字体大小根据排版进行设置。除主标题和副标题外，其余字体宜使用非衬线体字体，如黑体等。衬线体和非衬线体字体的区别如图 8-37 所示。

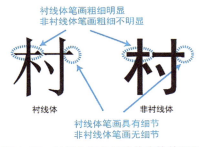

图 8-37　衬线体和非衬线体字体的区别

 **实训步骤**

根据之前模块完成的设计成果制作个人作品集方案排版，以 A3 大小，排版 6 页，突出主题，表达清晰，并具有特色。

步骤 1：整理所有设计资料和成果，根据项目和内容进行合理分类及归纳。

步骤 2：根据项目进行合理编排，设计各项目排版框架，撰写各级标题后置入相关图文内容。

步骤 3：进行相关细节的标注，例如效果图、手绘纸和 CAD 图样等。

步骤 4：标注页码等辅助内容后导出个人作品集。

 技能训练表

完成以上步骤后，个人作品集方案排版设计完成，技能训练表见表 B-21。

经验分享

1. 个人作品集体现设计师对于专业的关注、社会的关爱、时事的关心和发展的需求等，在进行排版时对于这些目标要进行强化，对于解决方式要更着重突出。

2. 个人作品集的风格特色能反映出设计师的性格和工作方式等，不应生搬硬套，更应巧妙进行版面组织，体现出特色个性。

3. 个人作品集在进行排版过程中需要展现出调研、分析、手绘、制图等各个方面的能力，应合理考虑表现的方法和形式。

任务 8-4　排版项目展板

 情境导入

　　小高同学和小潘同学在完成了项目手册的排版后要进行项目的展板制作。这让他们十分疑惑，项目展板和画册排版有什么区别呢？能不能引用画册的排版来制作展板呢？为了更好地展现方案，接下来就让我们跟随他们一起向张老师请教学习。

 任务目标

知识目标：

1. 了解项目展板的排版意义和方法流程。

2. 熟悉项目展板排版的基本内容和框架结构。

3. 掌握展板印刷的辅助设计要点。

技能目标：

1. 了解项目展板中的细节排版技巧。

2. 熟悉排版中视觉引导的技巧和组织方法。

3. 掌握栏目对齐和综合调整的技巧。

思政目标：

1. 了解设计师职业基本素养及职业道德。

2. 熟悉操作过程中的工匠精神及具体展现点。

3. 掌握工作过程中的吃苦耐劳精神。

建议学时

2 ~ 3 学时

相关知识

一、设计整体排版

项目展板根据使用用途主要分为商业项目展板和竞赛项目展板。

商业项目展板排版主要展现设计的理念与商业价值。在排版过程中，使用大量的效果图将有助于视觉效果的展现。项目的商业价值可使用思维导图进行展现。常规的设计内容一般无须在商业展板中罗列，而更应将具有价值或能够产生巨大价值的设计展现在商业项目的展板中。

竞赛项目展板排版的框架应考虑到竞赛的主题和主要的设计创新点。框架中以主题表达为第一要素，通过紧凑的框架排版，将主要的创新点通过图文进行细节展现。此外，竞赛项目展板可以表现竞赛中团队组成情况、竞赛中克服的困难、产生的设计价值等。竞赛项目展板可以使用较为时尚的排版风格进行制作。

二、页面排版框架

一般展板为纵向排版，排版框架将版面主要分为页首、页身和页底三个部分。整体框架如图 8-38 所示。各框架内容除特大图片外，其余图片和文字应与版面边缘保留适当间距。后期需要使用展架进行展示的展板，需要在页首和页底部分增加打孔位置，方便使用"X"形展架进行支撑。

（一）页首部分

在页首部分主要有项目标题、项目团队组成、开发公司或比赛名称、各类经济技术指标、项目概述等。页首部分底色不宜使用过于亮丽抢眼的色彩，避免其视觉突出程度超越页身主题部分。可以根据项目方案的主题风格，选定合适的色彩组合作为页首部分的底色。

（二）页身部分

页身部分一般可进行纵向分割，形成三列至四列进行排版，也可根据页面大小适当增加列数。页身部分一般按

图 8-38　项目展板排版基本框架示意

照项目调研及分析、项目理念、项目总体设计、分部
设计和专项设计等顺序进行依次排版。其中总平面图
或鸟瞰图或主要空间效果图可展示较大图片。各部分
排版中除标题和图名外，应尽量减少文字表达，更多
以图形图示进行内容简洁表达。页身部分的版面减少
使用图片作为背景元素，避免图片文字与底图叠加、
视觉效果混乱的问题。

知识点讲解
制作空间元素组成
分解图（SU）

知识点讲解
制作空间元素组成
分解图（AI）

（三）页底部分

页底部分一般为装饰部分，可使用立面图或剖面图等进行装饰。如立面图或剖面图
较短，可使用装饰纹样进行底部装饰。页底部分的背景色可与页首部分相互关联，形
成呼应。且页底部分的色彩可以比页首部分色彩亮度更深或饱和度更高，形成"稳重"
的视觉效果，避免"头重脚轻"。

三、排版技巧

对于展板的排版，有以下四个技巧可以应用。

（一）排版中可使用引导元素组织整体版面，形成更整体效果

由于展板尺寸相较于画册更大，更需要使用合理的引导元素组织画面。可根据设
计风格选择合适的装饰线，也可使用大小圆形进行组合装饰等。常见的引导方式如
图 8-39 所示。

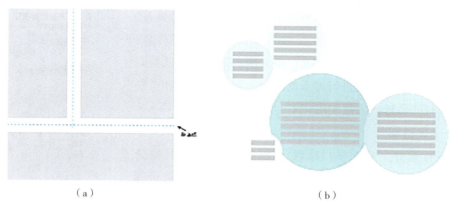

（a） （b）

图 8-39 常见的引导元素组织页面示意图
（a）用装饰线组织；（b）用圆形组织

（二）在排版中对齐各类要素，形成巧妙整齐效果

展板中内容要素复杂，通过对齐各类边界，可以进行整体框架梳理。对齐的具体方
式要根据版面内容具体而定，基本的对齐方式示意如图 8-40 所示。

（三）页身部分排版时各列之间保持适当间距

页身部分无论采用三列还是采用四列，均需要合理控制内容之间的间距。合适的间距可以使内容框架和逻辑更清晰，距离减少后会削弱框架的作用，版面会呈现混乱的感觉。间距调整前后的效果对比如图 8-41 所示。

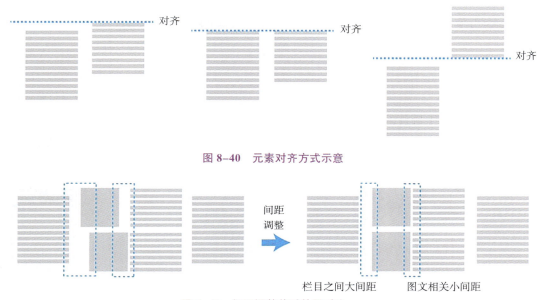

图 8-40　元素对齐方式示意

图 8-41　间距调整前后效果对比

（四）页面底色为白色时，宜在展板画面四周增加浅灰色细边缘线，便于裁切

展板在制作过程中首先使用写真喷绘仪进行喷绘打印，打印时纸张需要选择宽于展板设计幅面的尺寸。打印后需要裁切，如使用白色底色，且无边框线，将为裁切工作带来巨大难度。因此在电脑中制作展板时，遇到底面为白色的展板，需要在其周围适当增加浅灰色的细条边缘线，在喷绘印制后便于裁切。其示意图如图 8-42 所示。

图 8-42　展板边缘增加灰色细线示意图

 **实训步骤**

根据之前模块中的成果制作项目展板排版，要求以 800 mm×2 000 mm 的大小进行排版，突出主题，表达清晰，具有特色。

步骤 1：整理分类了解项目调研和设计成果，根据逻辑合理归纳栏目并分级。

步骤 2：在软件中设定展板大小和清晰度，进行总体排版规划，组织形成展板主体框架。

步骤 3：进行各类辅助标注，合理调整页边距和栏目间隙等。

步骤 4：优化整体风格和细节设计，导出展板。

 技能训练表

完成以上步骤后，项目展板排版设计完成，技能训练表见表 B-22。

 经验分享

即测即练

1.项目排版中应注意整体展板的色调，对各类色彩差异较大的图片需进行逐一色调处理，形成更好的整体视觉感受。

2.展板设计过程中控制好文字大小，避免文字过小无法阅读或过大效果不美观。

[1] 习近平：高举中国特色社会主义伟大旗帜 为全面建设社会主义现代化国家而团结奋斗——在中国共产党第二十次全国代表大会上的报告 [R/OL].（2022-10-25）[2022-10-25].http：//www.gov.cn/xinwen/2022-10/25/content_5721685.htm.

[2] 中华人民共和国招标投标法 [EB/OL].（2018-01-04）[2022-01-15].http://www.npc.gov.cn/zgrdw/npc/xinwen/2018-01/04/content_2036284.htm?eqid=be3eaba50009c3f900000006644097d7.

[3] 各年代的结婚三大件 [EB/OL].（2013-01-09）[2022-02-04]. https://jingyan.baidu.com/article/22fe7ced6146463002617f1d.html.

[4] 品牌个性维度 [EB/OL]. [2022-01-15]. https://baike.baidu.com/item/%E5%93%81%E7%89%8C%E4%B8%AA%E6%80%A7%E7%BB%B4%E5%BA%A6/10450815.

[5] 中华人民共和国住房和城乡建设部，中华人民共和国国家质量监督检验检疫总局 . 5.2 居住建筑 [S]// 中华人民共和国住房和城乡建设部，中华人民共和国国家质量监督检验检疫总局 . 建筑照明设计标准：GB 50034—2013. 北京：中国建筑工业出版社，2013：21.

[6] 国家市场监督管理总局，国家标准化管理委员会 . 6 景观照明 [S]// 国家市场监督管理总局，国家标准化管理委员会 . 村镇照明规范：GB/T 40995—2021. 北京：中国标准出版社，2021：4.

[7] 中华人民共和国国家质量监督检验检疫总局，中国国家标准化管理委员会 . 4 标识 [S]// 中华人民共和国国家质量监督检验检疫总局，中国国家标准化管理委员会 . 外壳防护等级（IP 代码）：GB/T 4208—2017. 北京：中国标准出版社，2017：4.

[8] 中华人民共和国住房和城乡建设部，中华人民共和国国家质量监督检验检疫总局 . 7 照明配电及控制 [S]// 中华人民共和国住房和城乡建设部，中华人民共和国国家质量监督检验检疫总局 . 建筑照明设计标准：GB 50034—2013. 北京：中国建筑工业出版社，2013：52.

附录 A
符号和缩略语说明

App	Application 的缩略语，本书中指手机或平板电脑上的软件
CAD	Computer Aided Design 的缩略语，意为计算机辅助设计
IP 形象	Intellectual Property 的缩略语，指有知识产权的形象设计
LED	发光二极管
mm	毫米
m	米

附录 B
技能训练表

表 B-1　设计方案成果调研分析报告技能训练表

学生姓名		学　号		所属班级	
课程名称			实训地点		
实训项目名称	设计方案成果调研分析报告		实训时间		
实训目的： 掌握乡村空间装饰设计流程与方案成果呈现的形式。					
实训要求： 1. 认真解读分析乡村振兴相关基础理论。 2. 合理分析优秀设计方案成果呈现流程与呈现形式。 3. 合理制作调研分析报告 PPT 文件。					
实训截图过程：					
实训体会与总结：					
成绩评定		指导老师 签名			

表 B-2　商业项目任务分析技能训练表

学生姓名		学　号		所属班级	
课程名称			实训地点		
实训项目名称	商业项目任务分析		实训时间		

实训目的：
掌握商业性乡村空间装饰设计项目选题与选址的方法。

实训要求：
1. 认真研究商业性乡村空间装饰设计项目任务各项要求。
2. 合理进行竞赛项目方案选题与选址。
3. 合理选题设计作品集。

实训截图过程：

实训体会与总结：

成绩评定		指导老师 签名	

表 B-3　长途换乘时间统计实训技能训练表

学生姓名		学　号		所属班级	
课程名称			实训地点		
实训项目名称	长途换乘时间统计实训		实训时间		

实训目的：
掌握长途换乘时间统计的方法和技巧。

实训要求：
1. 可以在统计表中填写时长区间。
2. 时间统计按照非交通高峰期计算。
3. 统计以分钟为单位。

统计结果：
长途换乘时间统计表

地点	步行至公交车站或地铁站时间	公交车或地铁路途时间	步行至目的地时间	合计
机场				
高铁动车站				
水运码头				
长途汽车站				

实训截图过程：

实训体会与总结：

成绩评定		指导老师 签名	

表 B-4　制作多层建筑室内场地内部分析图技能训练表

学生姓名		学　号		所属班级	
课程名称			实训地点		
实训项目名称	制作多层建筑室内场地内部分析图		实训时间		
实训目的： 掌握多层建筑室内场地内部分析图制作方法和技巧。					
实训要求： 1. 规范精确绘制空间，标注相应注释等。 2. 在右下角规范制作图示图例。 3. 完整清晰导出最后分析图在白底横向 A3 大小的 PDF 文件中。					
实训截图过程：					
实训体会与总结：					
成绩评定			指导老师 签名		

表 B-5 制作功能需求气泡图技能训练表

学生姓名		学　号		所属班级	
课程名称			实训地点		
实训项目名称	制作功能需求气泡图		实训时间		
实训目的： 掌握制作功能需求气泡图方法和技巧。					
实训要求： 1. 简化平面布局内容，准确表达空间大小和位置等。 2. 各类功能需求气泡图色彩协调。 3. 导出功能需求气泡图在成横向 A3 大小的 PDF 文件中。					
实训截图过程：					
实训体会与总结：					
成绩评定		指导老师 签名			

表 B-6　功能形式氛围需求统计技能训练表

学生姓名		学　号		所属班级	
课程名称			实训地点		
实训项目名称	功能形式氛围需求统计		实训时间		

实训目的：
掌握功能形式氛围需求统计方法和技巧。

实训要求：
1. 完整填写调研分析表格。
2. 根据调研情况，合理确立设计总体方向。
3. 精准提炼设计理念。

调研内容		功能需求	形式需求	氛围需求
场地调研分析	外部空间			
	内部空间			
用户需求分析	业主			
	周边村民、周边住户、周边业主			
	区域管理者			
	游客			
产业、历史文化分析后的元素形式色彩提取				
其他				
需求总结				

实训体会与总结：

成绩评定		指导老师签名	

表 B–7 空间装饰设计调研技能训练表

学生姓名		学　号		所属班级	
课程名称			实训地点		
实训项目名称	空间装饰设计调研		实训时间		

实训目的：
掌握调研空间装饰设计资料提出创新点的方法与技巧。

实训要求：
1. 认真调研相关案例资料。
2. 系统整理案例调研成果，制表进行汇总。
3. 合理挖掘空间装饰设计创新点。

名称	设计师	设计公司	设计时间	方案地点	搜索来源及地址	备注

实训截图过程：

实训体会与总结：

成绩评定		指导老师 签名	

表 B-8　空间布局设计技能训练表

学生姓名		学　号		所属班级	
课程名称			实训地点		
实训项目名称	空间布局设计		实训时间		
实训目的： 掌握室内空间布局设计方法和技巧。					
实训要求： 1. 规范精确绘制空间平面图，标注标高符号、功能和尺寸等。 2. 合理布置家具，满足人机工学等设计要求。 3. 合理打印平面图成横向 A3 大小的 PDF 文件。					
实训截图过程：					
实训体会与总结：					
成绩评定			指导老师 签名		

表 B-9　墙面、顶面和地面设计技能训练表

学生姓名		学　号		所属班级	
课程名称			实训地点		
实训项目名称	墙面、顶面和地面设计		实训时间		
实训目的： 掌握室内空间墙面、顶面和地面设计方法和技巧。					
实训要求： 1.规范精确绘制空间平面和立面图，清晰准确表达装饰材料等。 2.合理进行界面装饰设计。 3.合理打印图样成横向 A3 大小的 PDF 文件。					
实训截图过程：					
实训体会与总结：					
成绩评定		指导老师 签名			

207

表 B–10　软装与设施设计技能训练表

学生姓名		学　号		所属班级	
课程名称			实训地点		
实训项目名称	软装与设施设计		实训时间		
实训目的： 掌握室内软装与设施设计方法和技巧。					
实训要求： 1. 规范精确绘制空间效果，展现软装与设施设计效果等。 2. 合理搭配软装与设施形成协调风格。 3. 合理在 A3 大小纸张中导出平面图和效果图成 PDF 文件。					
实训截图过程：					
实训体会与总结：					
成绩评定			指导老师 签名		

表 B-11　乡村景观空间地面铺装设计技能训练表

学生姓名		学　号		所属班级	
课程名称			实训地点		
实训项目名称	乡村景观空间地面铺装设计		实训时间		
实训目的： 掌握乡村景观空间地面铺装设计方法和技巧。					
实训要求： 1. 规范精确绘制空间平面图，标注标高符号、功能和尺寸等。 2. 合理布置地面铺装设计，进行准确尺寸标注和材料规格标注。 3. 合理打印平面图成横向 A3 大小的 PDF 文件。					
实训截图过程：					
实训体会与总结：					
成绩评定		指导老师 签名			

表 B–12　设施分布图设计技能训练表

学生姓名		学　号		所属班级	
课程名称			实训地点		
实训项目名称	设施分布图设计		实训时间		
实训目的： 掌握设施分布图设计方法和技巧。					
实训要求： 1. 规范精确绘制空间彩色平面图。 2. 合理设置图层，规范绘制图例。 3. 自行排版，合理打印整体图像在横向 A3 大小的 PDF 文件。					
实训截图过程：					
实训体会与总结：					
成绩评定		指导老师 签名			

表 B-13　乡村景观场地植物分布图设计技能训练表

学生姓名		学　号		所属班级	
课程名称			实训地点		
实训项目名称	乡村景观场地植物分布图设计		实训时间		
实训目的： 掌握乡村景观场地植物分布图设计方法和技巧。					
实训要求： 1. 规范精确绘制空间平面图。 2. 合理配置各类植物设计，尽量做到四季有花，整体色彩饱满丰富。 3. 合理打印平面图成横向 A3 大小的 PDF 文件。					
实训截图过程：					
实训体会与总结：					
成绩评定		指导老师 签名			

表 B–14　手绘效果图技能训练表

学生姓名		学　号		所属班级	
课程名称			实训地点		
实训项目名称	手绘效果图		实训时间		
实训目的： 掌握手绘效果图及电脑优化图像方法和技巧。					
实训要求： 1. 规范精确手绘效果图，清晰表达空间尺度和功能。 2. 合理布置家具，满足人机工学等设计要求。 3. 合理打印平面图成横向 A3 大小的 PDF 文件。					
实训截图过程：					
实训体会与总结：					
成绩评定		指导老师 签名			

表 B-15　数位绘图板或平板电脑绘图技能训练表

学生姓名		学　号		所属班级	
课程名称			实训地点		
实训项目名称	数位绘图板或平板电脑绘图		实训时间		
实训目的： 掌握数位绘图板或平板电脑绘图方法和技巧。					
实训要求： 1. 规范精确绘制空间形态和透视。 2. 合理描绘家具和人物，大小比例合适并上色。 3. 合理使用线条粗细形成空间前后物品近实远虚的效果。					
实训截图过程：					
实训体会与总结：					
成绩评定		指导老师 签名			

表 B-16　渲染全景图片技能训练表

学生姓名		学　号		所属班级	
课程名称			实训地点		
实训项目名称	渲染全景图片		实训时间		
实训目的： 掌握室内空间布局设计方法和技巧。					
实训要求： 1.选择合适相机视角，选择最高输出品质，选择中型分辨率等。 2.不勾选立体眼镜选项，目标设备为通用设备。 3.图片输出后进行检查。					
实训截图过程：					
实训体会与总结：					
成绩评定		指导老师 签名			

表 B-17　导出影片技能训练表

学生姓名		学　号		所属班级	
课程名称			实训地点		
实训项目名称	导出影片		实训时间		
实训目的： 掌握导出影片方法和技巧。					
实训要求： 1. 自选影片素材进行编辑后导出。 2. 导出 H.264 格式的文件，导出"匹配源 – 高比特率"。 3. 以"完整学号姓名"的形式命名输出文件。					
实训截图过程：					
实训体会与总结：					
成绩评定		指导老师 签名			

表 B–18　彩色平面、立面或剖面图设计技能训练表

学生姓名		学　号		所属班级	
课程名称			实训地点		
实训项目名称	彩色平面、立面或剖面图设计		实训时间		
实训目的： 掌握彩色平面、立面或剖面图设计方法和技巧。					
实训要求： 1. 规范准确表达大小、尺寸和材料等。 2. 选择合理色彩进行搭配，形成符合设计风格的整体色彩效果。 3. 确保出图后的图片内容清晰、文字数字精确展现。					
实训截图过程：					
实训体会与总结：					
成绩评定		指导老师 签名			

表 B-19　商业项目画册排版设计技能训练表

学生姓名		学　号		所属班级	
课程名称			实训地点		
实训项目名称	商业项目画册排版设计		实训时间		
实训目的： 掌握商业项目画册排版方法和技巧。					
实训要求： 1. 使用软件进行美观的排版，要求内容完整，合理展现商业价值。 2. 排版过程中注意页面前后的关联性和效果的协调性。 3. 字体大小和图片进行适当调整，合理添加页码。					
实训截图过程：					
实训体会与总结：					
成绩评定		指导老师 签名			

表 B-20 竞赛项目画册排版设计技能训练表

学生姓名		学　号		所属班级	
课程名称			实训地点		
实训项目名称	竞赛项目画册排版设计		实训时间		
实训目的： 掌握竞赛项目画册排版设计方法和技巧。					
实训要求： 1. 规范整齐进行方案排版，展现方案设计特色性。 2. 注意排版中注释、文字样式等的一致性，避免出现复杂多样的形式。 3. 排版中合理展现效果图和图样，避免图片模糊不清的情况。					
实训截图过程：					
实训体会与总结：					
成绩评定			指导老师 签名		

表 B-21 个人作品集方案排版设计技能训练表

学生姓名		学　号		所属班级	
课程名称			实训地点		
实训项目名称	个人作品集方案排版设计		实训时间		
实训目的： 掌握个人作品集方案排版设计方法和技巧。					
实训要求： 1. 规范精确表达设计方案的尺度、材料和色彩等。 2. 合理考虑各页面的页边距及整体框架的前后逻辑性。 3. 合理展现方案的逻辑性，避免设计成果的简单堆积排版。					
实训截图过程：					
实训体会与总结：					
成绩评定		指导老师 签名			

表 B-22　项目展板排版设计技能训练表

学生姓名		学　号		所属班级	
课程名称			实训地点		
实训项目名称	项目展板排版设计		实训时间		
实训目的： 掌握项目展板排版设计方法和技巧。					
实训要求： 1. 规范精确进行项目整体排版，展现项目特色。 2. 科学合理进行内容标注，简洁直观表达注释内容。 3. 合理组织整体框架，避免排版架构过于复杂。					
实训截图过程：					
实训体会与总结：					
成绩评定		指导老师 签名			

后 记

　　乡村空间装饰设计的内容较多，感谢在编写过程中对调研、设计、建模到排版相关内容提出建议和意见的各位朋友。

　　写这本书最初的目的是源于专业相关教学工作，在带领学生参加多次乡村振兴竞赛后，发现学生对于乡村空间装饰设计的各个方面知识点还需要加强，便着手撰写本书。

　　乡村空间装饰设计是一项综合性工程，需要学生在学习各个专业基础课程后，将基础知识和技巧综合利用。本书按照设计流程进行模块编排，汇集了各个过程中需要的基本概念和重要技巧。希望学生在按照本书编排学习后，能够更好地掌握乡村空间装饰设计方法和技巧，为后期参与实践工作奠定良好的基础。

　　编者希望培养学生的职业操守和职业道德，让他们能够具有责任心，在细致完成各个任务的同时学习工匠精神，将细节做到最佳。真心希望培养的学生能够通过自己的技术和能力参与到乡村实践中力所能及地为乡村服务，用自己的学习成果回报社会。

　　由于才疏学浅，还在不断设计和实践中汲取经验，所以在本书撰写过程中还有一些内容和观点不是非常完善，希望各位读者能够谅解及提出宝贵建议。也希望这些建议以后能更好地运用到教学实践中，培养更好的环境艺术设计人才。

　　本书出版之际，特别感谢浙江农业商贸职业学院提供的良好工作环境、技术和学术支持。同时要感谢家人和朋友们多年来对我们教育工作的大力支持，正是在你们的帮助和支持下，才会有今日出版的本书。谢谢！

教师服务

　　感谢您选用清华大学出版社的教材！为了更好地服务教学，我们为授课教师提供本书的教学辅助资源，以及本学科重点教材信息。请您扫码获取。

 ## 教辅获取

本书教辅资源，授课教师扫码获取

E-mail: tupfuwu@163.com

电话：010-83470332 /8 3470142

地址：北京市海淀区双清路学研大厦B 座5 09

网址：https://www.tup.com.cn

传真：8610-83470107

邮编：100084